Hug

Industrie 4.0

Historische Grundlagen, technische Veränderungen, wirtschaftliche und soziale Auswirkungen

Hug

Industrie 4.0

Historische Grundlagen, technische Veränderungen, wirtschaftliche und soziale Auswirkungen

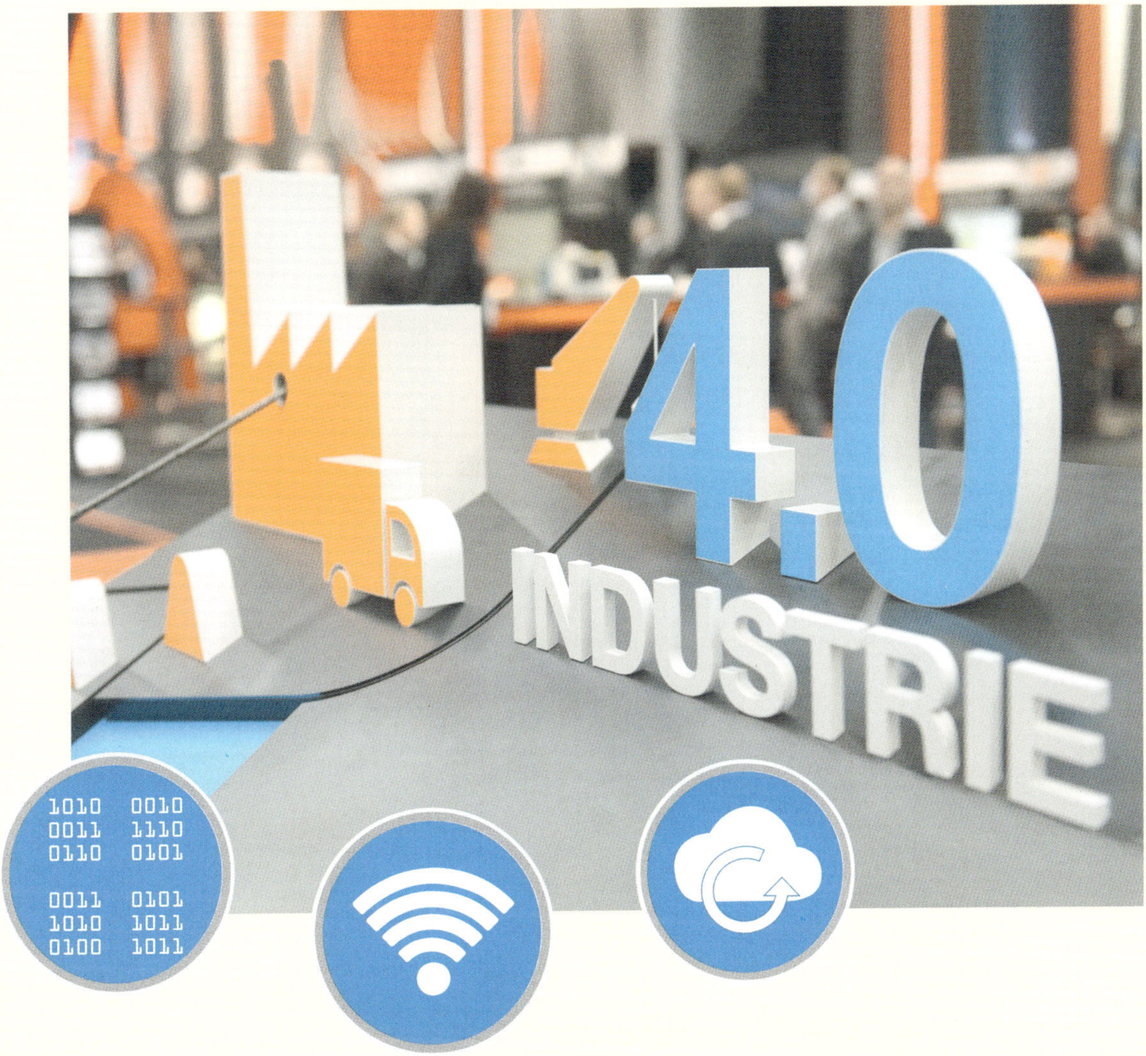

Wirtschaftswissenschaftliche Bücherei für Schule und Praxis
Begründet von Handelsschul-Direktor Dipl.-Hdl. Friedrich Hutkap †

Verfasser:

Hartmut Hug, Dipl.-Hdl., Argenbühl

* * * * *

Bildquelle: S. 26 – Tashatuvango – www.colourbox.de

1. Auflage 2018

Gesamtherstellung:
MERKUR VERLAG RINTELN Hutkap GmbH & Co. KG, 31735 Rinteln
E-Mail: info@merkur-verlag.de
lehrer-service@merkur-verlag.de
Internet: www.merkur-verlag.de
ISBN 978-3-8120-**0304-9**

Vorwort

Begriffe wie Industrie 4.0, künstliche Intelligenz und digitale Transformation sind in aller Munde. Die Hannover Messe, die Weltleitmesse der Industrie, ist zum **„Hotspot für Industrie 4.0"**[1] geworden. Wir stehen an der Schwelle einer Entwicklung, die unsere gewohnte Weise zu leben, zu arbeiten und miteinander zu kommunizieren in beispielloser Weise verändern wird. „Smarte" Produkte ermöglichen völlig neue Geschäftsmodelle. Auch für die Arbeitswelt hat das Folgen.

Die **Lehrpläne** beinhalten bereits viele, für zukünftige berufliche Herausforderungen im Bereich Industrie 4.0 erforderliche Kompetenzen und Inhalte. Dieses Buch bietet hier **Anknüpfungspunkte,** z.B. im Bereich der Digitalisierung und Vernetzung der Wertschöpfungskette über den gesamten Lebenszyklus von Produkten.

Dieses Buch soll dem Leser **Fachwissen** über die historischen Grundlagen und technischen Veränderungen zur Verfügung stellen und ihm wertvolle **Informationen** über wirtschaftliche und soziale Auswirkungen an die Hand geben.

Die digitale Transformation kann für den Einzelnen nur dann erfolgreich gelingen, wenn er nicht Getriebener dieses Wandels wird, sondern sich damit auseinandersetzt, aktiv Risiken vermeidet und die vorhandenen Chancen für sich nutzt.

Fragen, die sich stellen, sind z.B.:

- Was ist gemeint mit Industrie 4.0?
- Welche technologischen Veränderungen finden dabei statt und was treibt diese voran?
- Wie verändern sich die Produkte der Unternehmen und deren Geschäftsmodelle?
- Wie verändert sich die Arbeitswelt?
- Welche Folgen ergeben sich dadurch für den Einzelnen und für die Gesellschaft?
- Welche Risiken und Gefahren sind mit der digitalen Transformation verbunden?

Ziel dieses Buches ist es, in kompakter Form Antworten auf diese Fragen zu geben. Zahlreiche Beispiele – auch von realisierten, unternehmerischen Lösungen –, Abbildungen und Tabellen dienen der Veranschaulichung und unterstützen einen leichteren Zugang zu den teilweise komplexen Sachverhalten.

Am Ende des Buches finden sich **umfangreiche Übungsaufgaben mit Lösungen** sowie ein **Literaturverzeichnis** mit **zahlreichen interessanten Internetadressen.**

Ein ausführliches Glossar erläutert die wichtigsten Sachbegriffe im Rahmen von Industrie 4.0.

Ich wünsche allen Benutzern, dass dieses Buch hilft, nicht nur einen Zugang zu finden für diese aktuelle und umwälzende Entwicklung, sondern ein Stück weit auch dazu beiträgt, die richtigen persönlichen Entscheidungen für die Zukunft zu treffen.

Für jede Art von Anregungen und Verbesserungsvorschlägen bin ich dankbar.

Hartmut Hug

---

1 Quelle: http://www.hannovermesse.de/de/news/kuenstliche-intelligenz-der-letzte-baustein-fuer-die-industrie-4.0.xhtml (04.11.2017).

Inhaltsverzeichnis

Übungsaufgaben mit Lösungen

1 Ausgangspunkt

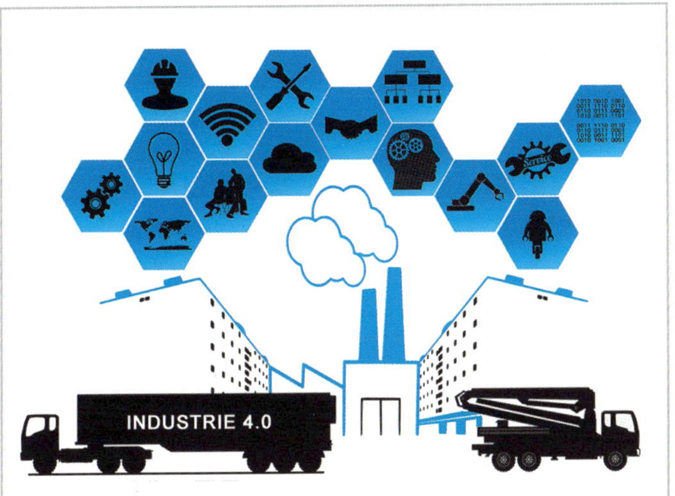

Auf dem Weg zu einer neuen Form der Industrialisierung wurde der Begriff **Industrie 4.0** erstmals zur Hannover Messe 2011 geprägt. Dabei wurden die Begriffe erste, zweite und dritte industrielle Revolution in der historischen Rückbetrachtung gebildet und die vierte industrielle Revolution bereits benannt, obwohl sie erst am Anfang ihrer Entwicklung steht.

Industrie 4.0 ist die Chiffre[1] für die **vierte Revolution** im Bereich der **Industrie.**

Die damit einhergehenden, tiefgreifenden Veränderungen beziehen sich nicht nur auf die industriellen Prozesse, vielmehr sind alle Bereiche der **Arbeitswelt in allen Branchen** und auch das **tägliche Leben** jedes Einzelnen davon betroffen. Die Gesellschaft steht an der Schwelle einer Entwicklung, die die gewohnte Weise zu leben, zu arbeiten und miteinander zu kommunizieren in beispielloser Weise verändern wird.

Die Zahl **4.0** wird auch gerne auf andere Bereiche übertragen, ohne dass es dort zuvor drei Revolutionen gegeben hätte.

Beispiele

Arbeiten 4.0, Wirtschaft 4.0, Dienstleistung 4.0, Medizin 4.0, Landwirtschaft 4.0, Bildung 4.0 usw.

Eine Entwicklung, welche eine bestehende Technologie, ein bestehendes Produkt oder eine bestehende Dienstleistung möglicherweise vollständig verdrängt, bezeichnet man als **disruptiv.**[2]

Beispiele: Ersatz von

- Fotoapparaten mit Rollfilmen durch Digitalkameras bzw. Smartphones,
- gedruckten Lexika durch Wikipedia,
- Festplattenspeicher durch Flash-Speicher,
- Schallplatten durch CDs.

Auf diese Weise soll eine zu Industrie 4.0 vorhandene Verwandtschaft in Bezug auf Digitalisierung, Vernetzung, Robotertechnik und dafür notwendiger Qualifizierung ausgedrückt werden.

1 **Chiffre:** Kennwort, Symbol, Stichwort.

2 **Disruptiv:** zerstörend, auseinanderreißend.

2 Historische Entwicklung

Die nachfolgende Abbildung stellt die vier Stufen der industriellen Revolution im Zeitverlauf dar.

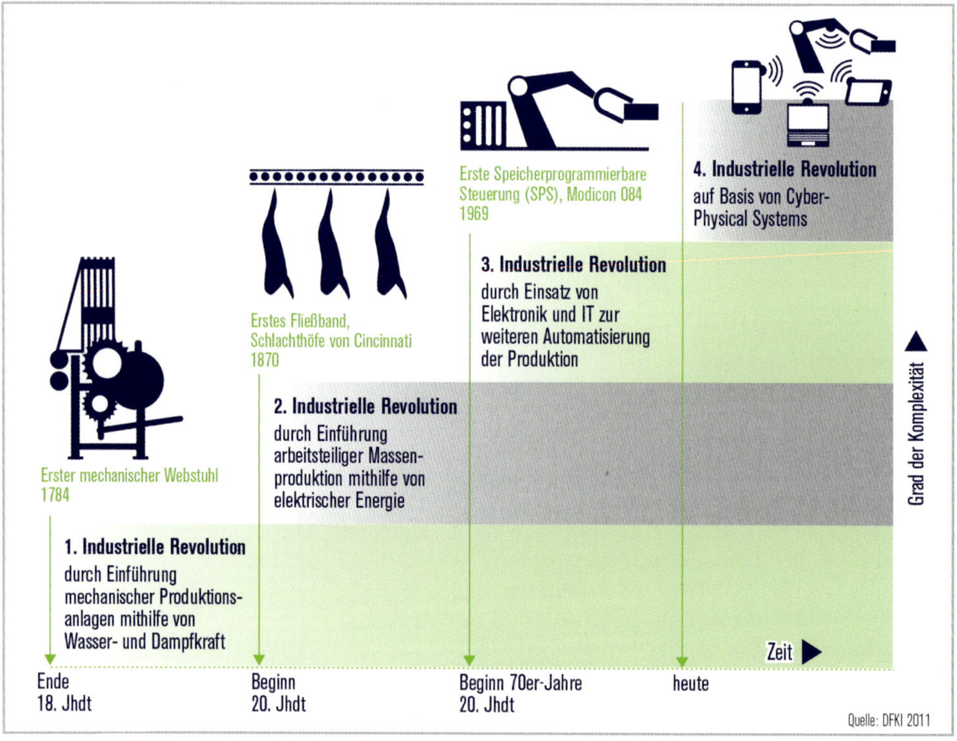

Quelle: https://www.bmbf.de/files/Umsetzungsempfehlungen_Industrie4_0.pdf, S. 17.

2.1 Erste industrielle Revolution – Mechanisierung

Dieser Technologiesprung ist begründet auf der **Weiterentwicklung** der bereits vorhandenen **kohlebetriebenen Dampfmaschine** durch **James Watt** im Jahr **1769**. Sie ersetzte – mit enormen Produktivitätsgewinnen[1] – nicht nur die bisherigen Antriebe durch Wasser- und Windmühlen, sondern benötigte im Vergleich zu ihren Vorläufern nur ein Viertel der Kohlemenge.

Watts Erfolg beruhte aber nicht nur auf der Weiterentwicklung der Technik zu mehr Effizienz,[2] sondern auch auf einem erfolgreichen Finanzmanagement. Er ließ sich die Maschine patentieren und verlangte eine Lizenzgebühr für die eingesparte Kohlemenge. So profitierte er nicht nur vom Verkauf der Maschine, sondern auch noch von deren Nutzung.

1 **Produktivität:** Technische Ergiebigkeit eines Produktionsvorgangs

$$\text{Produktivität} = \frac{\text{Ausbringungsmenge}}{\text{Einsatzmenge}}$$

2 **Effizienz:** Wirksamkeit, Wirtschaftlichkeit eines Verfahrens

In der Folge sprang die britische Baumwollproduktion zwischen 1787 und 1840 von 22 Millionen auf 366 Millionen Pfund, bei gleichzeitigem Absturz der Produktionskosten[1]. Länder mit großen Kohlevorräten wie England, Deutschland und die USA setzten diese Technik besonders rasch ein.

Die nachfolgende Abbildung zeigt den Blick in eine **Maschinenhalle.**

Um 1849

- Die Energie von Dampfmaschinen wird mechanisch auf Transmissionswellen an der Decke übertragen.
- Die Arbeitsmaschinen beziehen ihre Antriebsenergie, indem sie die Energie der Transmissionswelle durch Lederriemen abgreifen.
- Aufgrund der **mechanischen Kraftübertragung** durch Transmissionswelle und Riemenantrieb war es unabdingbar, dass zwischen der Energiequelle Dampfmaschine und den Arbeitsmaschinen eine nur geringe räumliche Distanz zu überwinden war.
- Gut zu erkennen ist auf dem Bild, dass die Maschinen daher senkrecht unter der Transmissionswelle positioniert sind. **Die Maschine kam dadurch möglichst nahe zur Energiequelle.**

Das Prinzip der kohlebefeuerten Dampfmaschine wurde übertragen auf Dampfschiffe, Dampflokomotiven und Dampfdruckpressen. Die ersteren beiden veränderten in entscheidendem Maße den Gütertransport, wodurch sich die Transportzeiten zwischen Lieferer und Kunde verringert haben.

Die Ausweitung von Wirtschaft und Handel wäre nicht möglich gewesen ohne die zeitlich parallele Veränderung in der **Kommunikationstechnik** durch die Entwicklung der Dampfdruckpresse und der Telegrafie. Die immer komplexeren Arbeitsaufgaben der ersten industriellen Revolution verlangten von der Arbeiterschaft ein Mindestmaß an Kommunikationsfähigkeit wie Lesen und Schreiben.

In der nachfolgenden Tabelle werden die **Entwicklungen im Energie- und Kommunikationsbereich** zusammengefasst und erläutert.

Entwicklungen	Erläuterungen
Dampfschiffe und Dampflokomotiven	• Transporte wurden schneller, kostengünstiger, sicherer und wetterunabhängiger. • Tempo und Zuverlässigkeit des Dampfantriebes erlaubten eine enorme Ausweitung von Handel und Gewerbe über Kontinente hinweg und zu stark verringerten Kosten. **Beispiel** 1847 dauerte eine Reise von New York nach Chicago mit der Postkutsche noch drei Wochen. 1857, also 10 Jahre später, brauchte man für die gleiche Strecke per Bahn gerade noch 3 Tage.[1]

1 Vgl. Jeremy Rifkin, Die Null-Grenzkosten-Gesellschaft, Frankfurt/New York, 2014, S. 66 ff.

Entwicklungen	Erläuterungen
Dampfdruckpresse	• Zwischen 1814 und 1865 konnte die Menge der gedruckten Zeitungsexemplare pro Stunde von 1000 auf 12000 gesteigert werden. • Damit einher gingen umfassende Alphabetisierungsbemühungen durch die Entwicklung des öffentlichen Schulwesens.
Elektrische Telegrafie	Mit ihr wurde man in die Lage versetzt, über ein weltumspannendes Telegrafennetz Nachrichten zu versenden und umgehend Antworten zu erhalten.

Fazit

Die **erste industrielle Revolution** ergab sich aus dem Zusammentreffen von zwei zeitlich parallelen Entwicklungen im Energie- und Kommunikationsbereich.

Energie	Kohlebetriebene Dampfmaschinen, -lokomotiven und -schiffe.
Kommunikation	Dampfbetriebenes Druckwesen und Ausbau des elektrischen Telegrafennetzes ab Mitte des 19. Jahrhunderts.

2.2 Zweite industrielle Revolution – Motorisierung und Elektrifizierung

Die zweite industrielle Revolution begann gegen Ende des 19. Jahrhunderts und beruhte wiederum auf dem Zusammentreffen von zeitlich parallelen Entwicklungen im Energie- und Kommunikationsbereich.

Energie	Entdeckung des Erdöls, Entwicklung des Verbrennungs- und des Elektromotors, zentrale Erzeugung elektrischer Energie in Kraftwerken.
Kommunikation	Entwicklung des Telefons.

Der Übergang des Transportwesens von den kohlebetriebenen Lokomotiven auf starrem Schienennetz und festen Bahnstationen zu **Personen- und Lastkraftwagen mit Verbrennungsmotoren,** die alle Straßen in jeder Richtung befahren und an beliebiger Stelle halten konnten, führten zu einer Ausweitung wirtschaftlicher Aktivitäten in die Fläche.

Zur **Stromversorgung** entstanden große, zentralisierte **Kraftwerke** an Stauseen, Flussläufen oder Kohlelagerstätten, welche aufgrund ihrer Größe kostengünstiger produzieren konnten. Generatoren wandelten die Wasser- bzw. Wärmeenergie in den Kraftwerken in elektrischen Strom um. Dieser konnte über größere Distanzen an jeden beliebigen Ort transportiert werden. Um 1900 produzierten in Amerika ca. 10000 Kraftwerke Strom für **Licht,** für den wachsenden **Maschinenpark der Industriebetriebe** und für die allmählich steigende Zahl von **Haushaltsgeräten.** Durch das elektrische Licht war eine Ausweitung der täglichen Arbeitszeit in die Nacht hinein möglich.

Elektromotoren wandelten vor Ort an den einzelnen Arbeitsstationen den Strom wieder in mechanische Antriebsenergie um. **Die Energie kam somit zur Maschine.**

Die Anordnung von Maschinen in den Fabrikhallen war jetzt frei gestaltbar, also auch nach dem logischen Ablauf des Bearbeitungsprozesses. Mit der Anordnung der Maschinen in der Folge der Arbeitsgänge verbinden sich zwei vorteilhafte Veränderungen im Arbeitsprozess:

- Der Transport von einer Arbeitsstation zur anderen geschah durch ein **Fließband.**
- Der **Arbeitsumfang** einer Arbeitskraft wurde so auf **relativ wenige Handgriffe** beschränkt (Taylorismus).

Fließband bei Produktion des Modells T (1913)

Quelle: https://upload.wikimedia.org/wikipedia/commons/d/d6/A- line1913.jpg[1]

Infobox

Taylorismus: Prinzip der Steuerung von Arbeitsprozessen, benannt nach Frederick Winslow Taylor (1856-1915). Ziel war es, die Produktivität der menschlichen Arbeit zu steigern, indem der Arbeitsumfang in kleine, abgeschlossene Einheiten zerlegt wurde. So konnten die Arbeiten auch von ungelernten und angelernten Arbeitskräften nach kurzer Einarbeitungszeit sicher ausgeführt werden. Dies war damals ein willkommener Beitrag zur Beschäftigung der in die Städte drängenden, arbeitslosen und gering qualifizierten Landbevölkerung.

Nachdem die Industriebetriebe die Verwendung von elektrischem Strom zunächst nur zögerlich annahmen, änderte sich dies sehr rasch mit der Einführung der **Fließbandarbeit in der Automobilproduktion.**

Dazu Henry Ford:

„Die Bereitstellung eines ganz neuen Systems zur Stromerzeugung emanzipierte die Industrie von Lederriemen und Wellenstrang, da es schließlich möglich wurde, jedes Werkzeug mit seinem eigenen Elektromotor zu versehen [...]. Der Motor ermöglichte es, Maschinen der Arbeitsfolge entsprechend aufzustellen, und allein das hat die Leistungsfähigkeit der Industrie wahrscheinlich verdoppelt [...]."[2]

Der Übergang von der kohlebefeuerten Dampfmaschine zum elektrischen Antrieb in den Fabriken führte in der ersten Hälfte des 20. Jahrhunderts zu einer Produktivitätssteigerung von 300 %.

Infobox

Das Fließband selbst wurde schon früher eingesetzt, z. B. in den Schlachthöfen von Chicago. Henry Ford hat es also nicht erfunden. Er hat es nur als Erster in der Automobilproduktion eingeführt.

1 A-line1913, Ford company, USA, 1913.

2 Henry Ford und Jeremy Crowther, Edison as I Know Him, New York: Cosmopolitan Books, 1930, S. 30. Zitiert in: Jeremy Rifkin, Frankfurt/New York, 2014, S. 82.

Das Telefon ermöglichte – im Gegensatz zu Druckerpresse und Telegraf – die Abstimmung der wirtschaftlichen Aktivitäten in „Echtzeit".[1]

2.3 Dritte industrielle Revolution – Digitalisierung

Sie beginnt in den 1960er-Jahren und hatte ihren Schwerpunkt im Bereich der **Information** und **Kommunikation.**

Sie wird auch **digitale Revolution** genannt, weil dieser Umbruch ausgelöst wurde durch Entwicklungen der **Mikroelektronik und Großrechner** (z. B. IBM System/370[2] in den 70er-Jahren) sowie der **Personalcomputer** (1970er- und 1980er-Jahre) und des **Internets** (1990er-Jahre).

Die Folgen waren u. a.

- die **Entlastung des Menschen bei der Durchführung von reiner Massenverarbeitung** (z. B. Einzug von Versicherungsbeiträgen, Lagerbestandsführung),
- die **Unterstützung von Aufgaben im Echtzeitbetrieb,** die einen direkten Zugriff über Bildschirme zu Datenbeständen auf Magnetplatten erforderten (z. B. Prüfung auf aktuelle Verfügbarkeit eines Produktes),
- das Durchdringen von großen Teilen der Produktion durch computergesteuerte, hoch automatisierte Fertigungssysteme mit einer **Verschiebung der Arbeit vom Menschen zu Fertigungsrobotern,**
- die zunehmende **Globalisierung der wirtschaftlichen Beziehungen** sowie
- die weitgehend vollständige **Übernahme der verfügbaren Informationen in digitale Form.**

Infobox

Schätzungen gehen davon aus, dass im Jahre 1993 lediglich 3 % der weltweit vorhandenen Informationen in digitaler Form vorlagen. Im Jahre 2007 waren es bereits 94 %.[3]

2.4 Vierte industrielle Revolution – Ausweitung der Digitalisierung durch cyber-physische Systeme[4]

2.4.1 Neukombination bestehender Ansätze

Der Beginn der vierten industriellen Revolution lässt sich in etwa auf die **Wende zum 21. Jahrhundert** festlegen. Im Grunde handelt es sich um die **Fortführung der digitalen Revolution,** da – technologisch gesehen – am Markt bereits alles vorhanden war (Hardware, Software, Netzwerke), was für die Industrie 4.0 benötigt wird:

- Die Digitalisierung, also die Darstellung von Informationen in Form eines Binärcodes[5] und deren Verarbeitung durch Maschinen, ist nicht neu.
- Computer gibt es seit mehr als 70 Jahren.

1 Vgl. Jeremy Rifkin, Die Null-Grenzkosten-Gesellschaft, Frankfurt/New York, 2014, S. 81.

2 Kaufpreis für das Modell 165 mit 1 Megabyte Hauptspeicher: 4 674 160 US$, zuzüglich 12 450 US$ pro Monat für Wartung und Service. Quelle: https://de.wikipedia.org/wiki/System/370 (18.09.2017).

3 Quelle: https://de.wikipedia.org/wiki/Digitale_Revolution (20.09.2017).

4 Zum Begriff siehe S. 15.

5 **Binärcode:** Code, mit dem Informationen aus Folgen von nur zwei verschiedenen Zeichen (0/1 für Strom fließt/Strom fließt nicht) gebildet werden.

Die technischen Innovationen von Industrie 4.0 sind nicht revolutionäres Neuland, sondern erfolgen in einer kontinuierlichen Weiterentwicklung. Der gravierende Fortschritt basiert eher darauf, dass die vielfältige Neukombination von Innovationen zu dieser Fülle an neuen Möglichkeiten führt.

Was die neue Qualität ausmacht, ist der **Aufstieg des Internets der Dinge**[1] und die Vernetzung der physischen „Dinge" (z. B. Maschinen) untereinander sowie über das Internet zu **cyber-physischen Systemen.**

Cyber-physisches System (CPS) ist ein Schlüsselbegriff aus der Welt von Industrie 4.0. Darunter versteht man

- die Verbindung von informationstechnischen Komponenten (Programme und Daten),
- mit mechanischen und elektronischen Komponenten (Maschinen),
- die über eine Dateninfrastruktur (Internet der Dinge) miteinander kommunizieren.

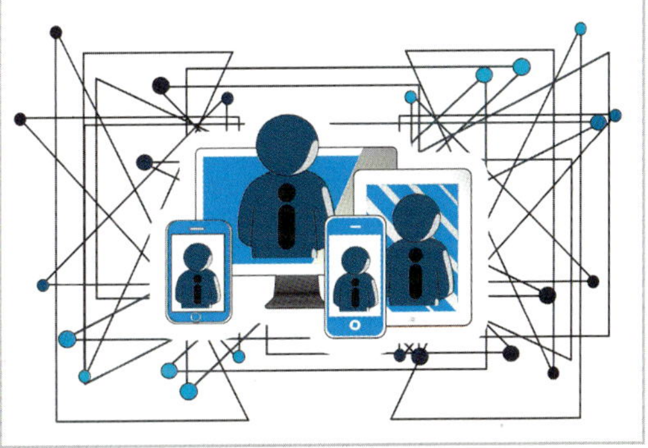

Das Internet wird zu einem weltweit verfügbaren Informationsraum. Aus persönlichem **Wissen wird Information,** die

- auch anderen,
- mittels Netzwerken,
- über arbeitsteilige Prozesse,
- zugänglich ist und bearbeitet werden kann.[2]

Neue Interaktionen zwischen Menschen sind möglich. Sie kommunizieren in vielfältiger Weise über das **Internet** und pflegen Beziehungen zueinander. Aus dem Informationsraum wird ein **Handlungs- und Lebensraum.** Informationen werden nicht mehr in vorgegebenen Strukturen gelesen, bearbeitet, gespeichert und ausgetauscht. Das, was die Menschen tun, entscheidet über die Struktur und Inhalte des Internets.

Das Netz hat die gesamte Gesellschaft durchdrungen. Es gibt kaum noch Bereiche, in denen das Netz nicht allgegenwärtig ist

- von der obersten politischen Ebene (z. B. Tweets von Donald Trump),
- über die Arbeitswelt,
- bis in die persönlichsten Bereiche zwischenmenschlicher Kommunikation.

Mit dem Internet ergeben sich grundlegende **Konsequenzen** besonders für die **Wirtschaft.** Es ist zur Basis geworden für moderne Arbeits- und Wertschöpfungsprozesse. Große Teile unserer **Arbeit** finden im **Netz** statt. Arbeit ist nicht mehr an die Wände der Büros gebunden. Es entstehen neue Formen der Zusammenarbeit und des Austauschs von Wissen – verbunden mit der Gefahr einer immer engmaschigeren Kontrolle der Mitarbeiter.

1 Zu Einzelheiten vgl. Kapitel 3.2.4 „Internet der Dinge".

2 Vgl. Andreas Boes und Tobias Kämpf, Arbeiten im globalen Informationsraum. In: Digitalisierung der Arbeitswelt, Werkheft 01 des Bundesministeriums für Arbeit und Soziales (BMAS) (Hrsg.), Berlin, 2016, S. 23.

Die **Information** rückt in das Zentrum der Wertschöpfung. Sie wird sogar zum Ausgangspunkt, ja zum **Produktionsfaktor,** für **neue Geschäftsmodelle.**[1]

Beispiel

Die Tatsache, dass **Google und Apple** damit beginnen, das Auto und damit die **Mobilität des Menschen** nicht mehr vom Motor, Getriebe und von der Karosserie her zu entwickeln, sondern **von der Digitalisierung aus,** zeigt eine der künftigen Richtungen an – und auch das Maß der Umwälzung durch diese grundlegenden Veränderungen. Das **Auto der Zukunft:** ein fahrender Roboter mit Elektroantrieb, jeder Menge Sensoren, mobiler Internetverbindung und Platz zum Sitzen.

Nicht nur die Geschwindigkeit des Wandels ist enorm, sondern auch dessen nachhaltige Wirkung. Im Folgenden werden die drei größten Unternehmen aus Detroit im Jahr 1990 (damals Zentrum der traditionellen amerikanischen Industrie) mit dem Silicon Valley im Jahr 2014 (einer der bedeutendsten Standorte der Informationstechnik weltweit) verglichen:

1990	2014
Die drei größten Unternehmen in **Detroit** hatten zusammengenommen • eine Marktkapitalisierung von 36 Milliarden Dollar, • einen Umsatz von 250 Milliarden Dollar und • 1,2 Millionen Beschäftigte.	Die drei größten Unternehmen im **Silicon Valley** hatten den • etwa 30-fachen Marktwert mit 1,09 Billionen Dollar, • einen Umsatz von 247 Milliarden Dollar und • mit 137 000 Beschäftigen nur etwa ein Zehntel wie im Jahre 1990.[2]

Viele neue Unternehmen produzieren keine realen Güter mehr, sondern **Informationsgüter,** deren Speicherung, Übertragung und Vervielfältigung nur einen Bruchteil kosten im Vergleich zu realen Gütern. Die Unternehmen werden quasi „schwereloser“ in Bezug auf Kapital und Arbeitskräfte.

Beispiele[3]

- **Uber,** das größte Taxiunternehmen der Welt, besitzt keine Fahrzeuge.
- **Facebook,** ein großes soziales Netzwerk, erzeugt keine Inhalte.
- **Alibaba,** der wertvollste Einzelhändler, hat keine Lagerbestände.
- **Airbnb,** der weltweit größte Anbieter von Unterkünften, besitzt keine Immobilien.

UBER

1 Siehe Kapitel 4.2 „Veränderung des Geschäftsmodells“.

2 Vgl. James Manyika und Michael Chui, Digital Era Brings Hyperscale Challenges, Financial Times, 13.10.2014. Zitiert in: Klaus Schwab (Vorsitzender des Weltwirtschaftsforums Davos), Die Vierte Industrielle Revolution, München, 2016, S. 21 f.

3 Vgl. Tom Goodwin, In the Age of Disintermediation the Battle is all for the Consumer Interface, TechCrunch, März 2015. Zitiert in: Klaus Schwab, Die Vierte Industrielle Revolution, München, 2016, S. 37.

2.4.2 Ebenen der Veränderungen durch Industrie 4.0

Da die mit Industrie 4.0 verbundenen Veränderungsprozesse sehr stark digital geprägt sind, begegnet man ihnen auch unter den Begriffen **Digitalisierung** oder **digitale Transformation.**[1]

Diese Veränderungsprozesse lassen sich drei Ebenen zuordnen.

- Auf der ersten Ebene, jener der **technologischen Veränderungen,** werden die großen Produktivitätsgewinne realisiert. Hier finden wir die **entscheidenden Antriebskräfte,** somit den „Motor" für diese Veränderungen.
- Daraus ergeben sich auf der zweiten Ebene **„smarte" Produkte**[2], die über ein gewisses Maß an Intelligenz verfügen und untereinander vernetzt sind. Die „smarten" Produkte wiederum sind Basis für die **Entwicklung neuer Geschäftsmodelle.**
- Die dritte Betrachtungsebene ist jene, in der wir die **Veränderung der Kultur der Arbeit** und die der Art zu leben beobachten.

Die nachfolgende Grafik zeigt, wie die Ebenen der Veränderungen durch die Industrie 4.0 einander beeinflussen.

Wirtschaftliche und soziale Veränderungen

- Branchen- und berufsspezifischer Strukturwandel
- Mehr Autonomie der Arbeitskraft in der Gestaltung des Arbeitsumfeldes
- Flexiblere Arbeitsgestaltung im Hinblick auf die demografischen Entwicklungen
- Bessere Berücksichtigung der Work-Life-Balance (Abstimmung von Beruf und Privatleben, persönlicher Weiterentwicklung und beruflicher Weiterbildung)
- Wunsch nach individualisierten Produkten und Dienstleistungen
- Neue Konsummuster durch „Nutzen" statt „Besitzen"
- Erweiterung der Wertschöpfungspotenziale durch neue Dienstleistungen

Führt zu …

„Smarte" Produkte und veränderte Geschäftsmodelle

„Smarte" Produkte – im Sinne von intelligent und vernetzt – führen zu **neuen Geschäftsmodellen** in der Industrie, aber auch anderen Bereichen wie z. B. Dienstleistung, Medizin, Information und Unterhaltung.

Basis für …

Technologische Veränderungen

Entscheidende Antriebskräfte	Wesentliche Bausteine
• Moore'sches Gesetz • Bessere drahtlose Kommunikation • Miniaturisierung von Sensoren und Kameras	• Künstliche Intelligenz • Robotertechnik • Big Data • Internet der Dinge

1 **Transformation:** schrittweiser Veränderungsprozess.

2 Zum Begriff siehe S. 34.

2 Hug - ISBN 978-3-8120-0304-9

3 Technologische Veränderungen

3.1 Entscheidende Antriebskräfte von Industrie 4.0

3.1.1 Moore'sches Gesetz

1965 formulierte Gordon Moore, Mitbegründer von Intel, in der Zeitschrift Electronics eine Prognose zum dynamischen Zuwachs der Rechnerleistung, die als **Moore'sches Gesetz** bezeichnet wird. In seiner Urform lautet es:

„Die Komplexität hat sich mit minimalen Komponentenkosten etwa um den Faktor zwei pro Jahr erhöht. [...] Das dürfte sich zumindest kurzfristig fortsetzen, wenn nicht gar steigern. [...]".[1]

Heute werden als Verdoppelungsfrist für die Rechnerleistung im Allgemeinen etwa 18 Monate angesetzt.

1958 wurde der integrierte Schaltkreis erfunden. Welche Wirkung eine derartige Beschleunigung der Rechnerleistung auf die Informationsverarbeitung hat, wird durch das nachfolgende Beispiel deutlich.

Beispiele

Angenommen, Sie steigen in ein Auto und fahren mit 8 km/Stunde los. Nach einer Minute verdoppeln Sie die Geschwindigkeit auf 16 km/Stunde. Nach einer weiteren Minute verdoppeln Sie die Geschwindigkeit wiederum usw.

Beachtenswert ist nicht nur die Geschwindigkeit auf dem Tacho, sondern auch die Strecke, die Sie pro Minute jeweils zurücklegen:

- In der ersten Minute sind dies ungefähr 135 Meter, in der dritten ca. 535 Meter, in der fünften Minute über 2 km bei einem Tempo von 128 km/Stunde. Für die sechste Minute brauchen Sie ein teures Auto, das nicht elektronisch abgeriegelt ist und eine Rennstrecke, ab der siebten Minute ein Flugzeug, ab der achten Minute sind Sie im Überschallbereich.
- Nach 27 Verdoppelungen – in etwa die **Anzahl der Leistungsverdoppelungen im IT-Bereich seit 1958** – wären Sie mit 1,07 Milliarden km/Stunde ziemlich genau auf **Lichtgeschwindigkeit** und damit an den Grenzen der Physik, würden in dieser Minute 17,5 Millionen Kilometer zurücklegen und wären – bei minimaler Entfernung der beiden Planeten – in gut 3 Minuten beim Mars.[2]
- Die Marssonde „Schiaparelli" benötigte 2016 hierfür 7 Monate.

Unterstellt man, dass das Moore'sche Gesetz auch in der näheren Zukunft seine Gültigkeit hat:

- Dann wird das, wozu **2017** ein Rechner **eine Stunde** benötigt,
- **2027** in gut einer **halben Minute** und
- **2037** in einer knappen **halben Sekunde** erledigt werden.

---

1 Gordon E. Moore, Cramming More Components onto Integrated Circuits, Electronics 38, Nr. 8, 19.04.1965. 1975 änderte Moore seine Aussage ab auf 2 Jahre.

2 Vgl. Martin Ford, Aufstieg der Roboter, Kulmbach, 2016, S. 11.

Komplexe Aufgaben, z. B. die **Fortbewegung eines humanoiden Roboters** in unstrukturierter Umgebung, die derzeit mangels Rechnerleistung noch etwas unbeholfen wirkt, werden somit in wenigen Jahren in den Bereich des Machbaren rücken.

Getragen wird das Moore'sche Gesetz durch mehrere **Einflussfaktoren**: Chipdichte, Prozessorgeschwindigkeit, Speicherkapazität, Energieeffizienz, veränderte Algorithmen. Diese wachsen ihrerseits jeweils in exponentieller Geschwindigkeit und multiplizieren sich daher in ihrer Wirkung.[1]

Beispiel

Bei heutigen **Smartphones** mit etwa zwei Milliarden Transistoren messen die feinsten Strukturen auf dem Chip noch etwa 20 Nanometer – das sind 20 Millionstel Millimeter. Intel berichtet von **Zehn-Nanometer-Chips**. Halbleiterforscher arbeiten an **Fünf-Nanometer-Chips**. Ein einzelner Transistor ist damit deutlich kleiner als das kleinste Grippevirus.[2]

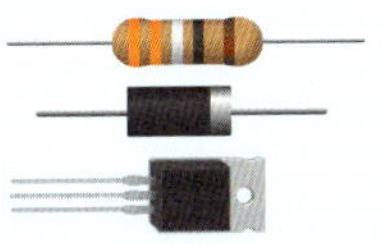

Damit ist ein solches Smartphone mit etwa 100 Milliarden Rechenoperationen pro Sekunde fast so schnell wie der beste Supercomputer der 1990er-Jahre. Die Kosten für diese Leistung sanken jedoch um den Faktor 10 000, der Energieverbrauch auf ein Zehntausendstel bis ein Hunderttausendstel. Milliarden von Menschen tragen also in der Hosentasche eine Computerleistung mit sich herum, von der es vor 20 bis 25 Jahren weltweit nur eine Handvoll gab.[3]

3.1.2 Bessere drahtlose Kommunikation[4]

Die Kommunikationsfähigkeit der Computer, also die Anzahl an Daten, die pro Sekunde übertragen werden können – ob per Kabel, Glasfaser oder drahtlos per Funk – wird immer größer:

Beispiele

- In UMTS-Funknetzen[5] sind Datenübertragungsraten von bis zu 42 Megabit pro Sekunde möglich.
- Im LTE-Netz lassen sich bis zu 1 000 Megabit pro Sekunde erreichen und
- im 5G-Netz der nächsten Dekade sind 10 bis 50 Gigabit pro Sekunde geplant – das ist etwa 1 000-mal schneller als heutige WLAN-Netze.
- Allerdings: Diese Werte setzen voraus, dass man allein in der jeweiligen Funkzelle ist, weil sich alle Netzteilnehmer die maximale Datenrate einer Funkzelle teilen.

Auch wenn in Zukunft der **Durchmesser der Funkzellen** von einigen Kilometern auf etwa 100 Meter schrumpfen sollte – in einer Funkzelle ist der Mensch nicht alleine. Vielmehr wird er sie **mit anderen Nutzern teilen** müssen **und** – im Internet der Dinge – **mit vielen Maschinen.**

1 Weitere anschauliche Beispiele für die Wirkung des Moore'schen Gesetzes (auch außerhalb der IT-Welt) siehe: Erik Brynjolfsson und Andrew McAfee, The Second Machine Age, Kulmbach, 2015, S. 65f.

2 Vgl. Ulrich Eberl, Smarte Maschinen, München, 2016, S. 49.

3 Vgl. Ulrich Eberl, ebenda, S. 45f.

4 Vgl. Ulrich Eberl, ebenda, S. 51.

5 UMTS-, LTE- und 5 G-Netz sind Mobilfunkstandards der 3., 4. und 5. Generation.

3.1.3 Miniaturisierung von Sensoren und Kameras

Digitale und vernetzte Sensoren werden immer kleiner, billiger und leistungsfähiger. Im Folgenden wird ein **Smartphone** der heutigen Generation mit seiner technischen Ausstattung betrachtet.

Technische Ausstattung	Erläuterung
Touchscreen	Er registriert Druck- oder Wischbewegungen auf oder in unmittelbarer Nähe des Bildschirms und ist die zentrale Einrichtung zur Steuerung der Abläufe.
Zwei Kameras	Sie ermöglichen nicht nur das Fotografieren und Filmen, sondern dienen auch zur Gesichtserkennung, mit der das Handy entsperrt werden kann.
Sensoren	Sie messen den Luftdruck und die Beschleunigung.
Hall-Geber	Er registriert, ob die Schutzhülle geschlossen oder geöffnet ist (Bildschirm wird aus- bzw. eingeschaltet).
Fingerabdrucksensor und GPS-Empfänger	Sie ermöglichen die Navigation.
Gyroskop	Es stellt fest, ob das Smartphone hoch oder quer gehalten wird.
Helligkeitssensor	Er passt die Helligkeit des Bildschirms dem Licht der Umgebung an.
Magnetometer	Es misst Stärke und Richtung des Erdmagnetfeldes. Mithilfe einer Kompass-App können die Daten gelesen und die aktuelle Himmelsrichtung auf dem Display ausgegeben werden.
Mikrofone und Lautsprecher	Sie ermöglichen dem Menschen eine akustische Kommunikation.
Mobilfunkantennen	Sie erlauben die Nutzung verschiedener Netzfrequenzen.
NFC-Antennen	Sie werden z. B. benötigt für das bargeldlose Bezahlen.
WLAN-Antenne	Sie dient zum Empfang der Daten, ist aber auch ein Sensor, der die Qualität und den Standort von WLAN-Punkten in der Umgebung ermittelt.

All diese Einrichtungen benötigen Platz in der Größenordnung von nur Millimetern.

3.2 Wesentliche technologische Bausteine von Industrie 4.0

3.2.1 Künstliche Intelligenz

Rob Csongor, verantwortlicher Auto-Manager bei NVIDIA sagt anlässlich der Consumer Electronics Show (CES) in Las Vegas 2017 über die künstliche Intelligenz:

„Sie verändert alles. Es ist eine größere Revolution als die Erfindung der Dampfmaschine, der Elektrizität und des Computers."[1]

Künstliche Intelligenz in einer schwachen Form wird heute genutzt für bestimmte Anwendungsbereiche wie z.B. Suchmaschinen, Sprach- und Mustererkennung. Starke künstliche Intelligenz geht darüber hinaus. Sie ist noch eine Vision, die darin besteht, eine allgemeine Intelligenz zu schaffen, die mithilfe einer Art von Bewusstsein Ziele erreichen und aus den gemachten Erfahrungen lernen kann.

Starke künstliche Intelligenz ist

- eine **nicht-biologische Einrichtung,** bestehend aus Programm, Daten und Hardware, die
- **selbstständig Ziele setzt,**
- **Pläne** zu deren Verwirklichung **fasst** und **verfolgt,**
- **vernünftig handelt,**
- **Unsicherheiten minimiert,**
- die **gemachten Erfahrungen bewertet** und **in neue Entscheidungen einfließen** lässt, also **lernt.**

Künstliche Intelligenz ist von der allgemeinen Intelligenz noch weit entfernt. In sehr eingeschränkten Bereichen ist sie allerdings dem Menschen bereits überlegen, z.B. können Rechner heute Gesichter oder Objekte besser und schneller erkennen.[2]

Der **„Lernprozess" der künstlichen Intelligenz** vollzieht sich in einem geschlossenen Regelkreis. Hierzu muss sie sich an vergangene Eingaben erinnern, wobei **neuronale Netze** das Kernstück bilden.

(Künstliches) neuronales Netz: Die Informationstechnik lässt sich dabei inspirieren von der Informationsverarbeitung im menschlichen Gehirn.

Die Struktur eines neuronalen Netzes ist dabei nicht gleichzusetzen mit der eines menschlichen Gehirns, man kann daher auch nicht über das neuronale Netz irgendetwas vom Gehirn erklären.

Das (künstliche) **neuronale Netz** lernt, indem

- es sich mithilfe eines langen Kurzzeitgedächtnisses[3] an Millionen früherer Schritte zurückerinnern kann,
- dieses Vergangenheitswissen mit den aktuellen Eingaben abgleicht und
- den Schluss zieht, ob es durch die letzte Aktivität dem angestrebten Ziel näher kam oder nicht.

1 Quelle: Benjamin Wagener, Neue Welten, alte Träume. Die CES erprobt das Auto der Zukunft – ZF baut mit Nvidia intelligentes Steuersystem. Schwäbische Zeitung vom 05.01.2017.

2 Vgl. Hans-Arthur Marsiske: Humanoids 2016: „Deep Learning ist keine black box", Heise online, 18.11.2016. Online verfügbar: http://www.heise.de/newsticker/meldung/Humanoids-2016-Deep-Learning-ist-keine-black-box- 3491188.html (13.11.2017).

3 **Long Short-Term Memory (LSTM):** Dieses Konzept wurde entwickelt an der TU München von Jürgen Schmidhuber (heute Professor an der Universität in Lugano) und Sepp Hochreiter (heute Professor in Linz).

Dieses **maschinelle Lernen** ist das Herzstück der künstlichen Intelligenz. Lernen schlägt sich in der Maschine dadurch nieder, dass die gemachten **Erfahrungen** eine **Veränderung** der ursprünglich festgelegten **Programmalgorithmen** bewirken – ohne menschliche Eingriffe. Dadurch kann der Computer neue Aufgaben erledigen und neue Lösungswege beschreiten. Indem das Programm sich von der ursprünglich vom Menschen codierten Version entfernt, entsteht allerdings durchaus die Frage: Wer trägt die Verantwortung für die weiterentwickelten Programmversionen und die dann vom Computer beschrittenen Lösungswege?[1]

Systeme mit künstlicher Intelligenz erobern immer mehr Domänen menschlicher Intelligenz. Alphabet (Google), Baidu und andere IT-Konzerne setzen auf das **lange Kurzzeitgedächtnis bei**

- ihren Entwicklungen zur Erkennung von Sprache und Handschrift,
- der Analyse von Bildern und Videos,
- der Sprachübersetzung und Mustererkennung (z. B. Verkehrszeichenerkennung in autonom fahrenden Pkw) usw.

In einer Rückschau waren es drei Ereignisse, die öffentliche Beachtung fanden, weil Computer jedes Mal eine weitere Bastion menschlichen Geistes eroberten, von welcher der Mensch zuvor glaubte, es würde nie eintreten.

Beispiele

- Es beginnt mit der Geschichte von **Deep Blue.** Dieser Rechner der IBM besiegte **1997** den Schachweltmeister Garry Kasparow. Deep Blue konnte pro Sekunde 200 Millionen Schachstellungen bewerten.
- **Watson,** das Nachfolgesystem von IBM, besiegte **2011** in einer ungleich komplizierteren Herausforderung, der Quizshow „Jeopardy!" des amerikanischen Fernsehens, die bisherigen Champions.[2] Watson hatte einen Arbeitsspeicher von 16 Terabytes, war gefüttert mit 200 Millionen Seiten an Texten plus dem kompletten Inhalt des Internetlexikons Wikipedia und schaffte mit 2880 Power-7-Prozessoren rund 80 Billionen Rechenoperationen pro Sekunde. Watsons Fähigkeiten leistet inzwischen wertvolle Dienste z. B. in der Medizin (Diagnose von Krankheiten) und der vorausschauenden Wartung von Industrieanlagen.
- **AlphaGo,** entwickelt von **DeepMind** (einer Londoner Firma, inzwischen aufgekauft von Google; daher der neue Name **Google DeepMind**), ist ein Computerprogramm der künstlichen Intelligenz, welches nur das asiatische Brettspiel Go beherrscht. Go wird auf einem größeren Brett gespielt als Schach (19 x 19 Felder) und bietet pro Zug etwa 200 Möglichkeiten. Dadurch ist es von ungleich größerer Komplexität (s. auch Infobox). Ein Spielgegner kann mit der herkömmlichen Strategie von Deep Blue, dem Durchprobieren aller möglichen Spielzüge daher nicht bezwungen werden. **Google DeepMind** gewann im März **2016** gegen den Südkoreaner Lee Sedol, der als einer der weltbesten Profispieler gilt.

1 Siehe Beispiel über Chat-Roboter „Tay", S. 53.

2 Nähere Informationen siehe z. B. http://www-05.ibm.com/de/watson/.

Infobox

- Beim Brettspiel Go beträgt die Anzahl regelkonformer Stellungen 2×10^{170}. Die Zahl regelkonformer Zugkombinationen liegt bei 10^{360}. - Zum Vergleich: Die **Anzahl der Atome im gesamten Universum** wird auf 10^{80} geschätzt![1]
- Der Mitbegründer von Deep Mind, Demis Hassabis, wurde vom Fachmagazin „Nature" im Dezember 2016 zu einem der 10 wichtigsten Forscher des Jahres 2016 gekürt. Für „Nature" war der Sieg von Google DeepMind ein Musterbeispiel für das sich rasch beschleunigende Potenzial der künstlichen Intelligenz.

Für das McKinsey Global Institute wird die künstliche Intelligenz die Gesellschaft sogar zehn Mal schneller und zu einem 300 Mal größeren Ausmaß oder grob gesagt mit den 3000-fachen Auswirkungen der industriellen Revolution verändern. Professor David, Autor vom Massachusetts Institute of Technology (MIT), äußerte sich in diesem Zusammenhang:

„Die Leute denken, die künstliche Intelligenz würde das Wachstum befeuern, indem sie Menschen verdrängt. Aber in Wirklichkeit ermöglicht sie neue Produkte, Dienstleistungen und Innovationen. Das ist ihr eigentlicher Wert".[2]

Pragmatisch gesehen geht es um den **Nutzwert der künstlichen Intelligenz.** Zum Vergleich: Flugzeuge haben auch keine Federn, legen keine Eier und flattern nicht mit den Flügeln. Dennoch erledigen sie ihre Aufgabe hervorragend. Es kommt daher nicht so sehr darauf an, dass künstliche Intelligenz dieselbe umfassende und vielseitige Leistungsfähigkeit erreicht wie die menschliche. Es genügt und ist für den arbeitenden Menschen bereits sehr bedrohend, wenn sie ihm bei der Erledigung jener Aufgaben überlegen ist, womit der Mensch sein Brot verdient.

Ziel der Entwicklungsbemühungen um künstliche Intelligenz ist es nicht, Systeme zu entwickeln, die den Menschen im Spielen schlagen. Vielmehr soll ein **Werkzeug** geschaffen werden, mit dessen Hilfe drängende **Probleme in Wirtschaft, Medizin und Gesellschaft gelöst** werden können.[3]

3.2.2 Robotertechnik

Roboter in der Audi TechDay Smart Factory[4]

(1) Begriff Roboter

Der Begriff **Roboter** wurde erstmals 1920 vom tschechischen Dramatiker Karel Čapek in seinem satirischen Drama „R.U.R." (Rossum's Universal Robots) benutzt. Darin beschreibt er menschenähnliche Maschinen, die doppelt so viel arbeiten wie einem Menschen möglich ist. Solche Maschinen nannte er **Roboter.**

1 Quelle: Chip Nr. 4, 2016, S. 46.

2 Quelle: Dieter Dürand, Aufbruch in die Robo-Zukunft, in: WirtschaftsWoche Nr. 49, Serie Künstliche Intelligenz (1), 25.11.2016, S. 59.

3 Vgl. „Mitten in der Zeitenwende", Interview mit Satya Nadella (Chef von Microsoft), Spiegel 42/2016, S. 65f.

4 Bildquelle: Audi AG: https://www.audimediacenter.com/de/fotos/album/techday-smart-factory-721.

Der Begriff „Roboter“ leitet sich aus dem **tschechischen robota** ab, das Fron- oder Zwangsarbeit bedeutet.

(2) Traditionelle Industrieroboter

Ein traditioneller Industrieroboter ist ein **Automat,** der überwiegend Aufgaben in der Fertigung oder Montage übernimmt. Seine „Arme“ verfügen über mehrere Achsen, die in Bezug auf die Reihenfolge der Bewegungen, der Wege und Bewegungswinkel frei programmiert werden können. Sie können auch sensorgesteuert sein. Die Roboterachsen können mit Werkzeugen oder Greifern ausgerüstet werden. Zumeist sind sie **blind** und **abhängig von präziser Positionierung** der zu bearbeitenden **Werkstücke.** Traditionelle Industrieroboter sind konkurrenzlos in Bezug auf Geschwindigkeit, Präzision, Ausdauer und reiner Kraft. Aber aus Sicherheitsgründen sind um sie herum noch Käfige aufgestellt.

Inzwischen gibt es Arbeitsroboter, die **dreidimensional sehen** können. Damit sind sie z. B. in der Lage, einen Stapel brauner Kisten abzutragen und diese auf ein Band zu legen.[1] Für einen Menschen ist diese Arbeit völlig unspektakulär. Ein Arbeiter kommt bestensfalls auf eine Kiste etwa alle sechs Sekunden. Der Roboter ist gegenwärtig deutlich langsamer als der Mensch, aber diese vermeintlich einfache Aufgabe erfordert unglaublich komplexe Berechnungen, um die Informationen aus visueller Wahrnehmung, räumlicher Anordnung der Kisten und Präzision der Armbewegungen aufeinander abzustimmen.[2] Die Ingenieure von Industrial Perception, dem Hersteller eines solchen Roboters, glauben, dass die Maschine letztlich eine Kiste pro Sekunde wird bewegen können.[3]

(3) Kollaborative Produktionsroboter

Klassische Industrieroboter benötigen üblicherweise eine aufwendige und kostspielige Programmierung. Nicht so **Baxter** oder **Sawyer** – smarte, kollaborative Produktionsroboter.

Ein **kollaborativer Produktionsroboter** (Collaborative Robot, „Cobot“) ist ein Roboter, der unmittelbar **mit Menschen zusammenarbeitet.**

Baxter und Sawyer[4]

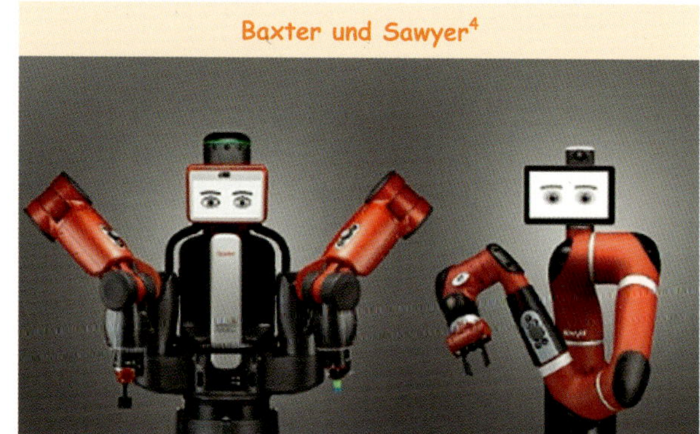

1 Siehe hierzu auch https://www.youtube.com/watch?v=RJd8WgDT4vl (09. 11. 2017).

2 Eine sehr gute Einführung über die Schwierigkeiten, einem Roboter das „Sehen“ beizubringen findet sich in: Steven Pinker, Wie das Denken im Kopf entsteht, Frankfurt am Main, 2011, S. 15 ff.

3 Vgl. Martin Ford, Aufstieg der Roboter, Kulmbach, 2016, S. 21.

4 Bildquelle: PR Newswire: https://photos.prnewswire.com/prnvar/20150927/271117 (24. 01. 2017).

Kollaborative Produktionsroboter bieten viele **Vorteile.** Sie

- sind kleiner und preisgünstiger;
- können in der Regel „sehen“ und arbeiten nicht mehr hinter Gittern, weil sie kein Sicherheitsrisiko mehr für den Menschen bilden. Notfalls weichen sie vom Programm ab, wenn die Gefahr besteht, dass sie den Menschen verletzen könnten;
- arbeiten Hand in Hand mit Menschen zusammen (z.B. in der Montage);
- können für eine Vielzahl von repetitiver Aufgaben leicht programmiert werden, indem man mit ihnen die erforderlichen Armbewegungen ausführt. Hat man einen programmiert, kann man dessen Wissen einfach per USB-Sticks auf viele andere übertragen.[1]

Die Roboter basieren auf dem Software-System namens ROS, das vom Labor für künstliche Intelligenz der Universität Stanford erdacht und von Willow Garage entwickelt wurde.

Das Software-System **ROS** (**R**obot **O**perating **S**ystem) ist ein kostenloses Open-Source-Programm und wurde rasch zur Standardsoftware für Roboterentwicklungen.

Hat sich einmal ein Betriebssystem als Standard etabliert (z.B. Windows von Microsoft, iOS von Apple, Android von Google), dann kommt es in kurzer Zeit zu einem riesigen Angebot an Softwareanwendungen, wie z.B. den Apps in der Welt der Smartphones und Tablets. Es ist daher zu erwarten, dass wir vor einer Explosion an Roboteranwendungen für eine Vielzahl von Aufgaben in Industrie-, Handels- und Dienstleistungsunternehmen, insbesondere auch in der Logistik stehen.[2]

Open source, englisch: offene Quelle. Bei einer Open-Source-Software ist der Quelltext öffentlich und kann von Dritten eingesehen und geändert werden.

(4) Veränderungen in der Arbeitswelt

Aufgrund des exponentiellen Wachstums der Leistungen in der Computer- und Robotertechnik verschieben sich deren Grenzen. Arbeiten, von denen wir glauben, dass sie aufgrund des geringen Anteils an Routine (und einem hohen Anteil an Kreativität und Improvisation) einem geringen Automatisierungsrisiko unterliegen, rutschen vielleicht in absehbarer Zeit in die Kategorie „berechenbar“. Berechenbar heißt in diesem Zusammenhang, dass für sie **Algorithmen formuliert** und diese durch einen Computer bzw. Roboter ausgeführt werden können.

Roboter haben im Vergleich zur menschlichen Arbeitskraft offensichtliche **Vorteile:**

- Sie arbeiten ohne Unterbrechung an jedem Tag rund um die Uhr,
- benötigen keine Pausen,
- bekommen keine Rückenprobleme,
- verursachen keine Kosten für Löhne, Krankenkassen- und Rentenversicherung und
- fordern keine Lohnerhöhung.

1 Einen Eindruck von seinen Fähigkeiten gewinnen Sie bei: https://www.youtube.com/watch?v=oD9DE0HjMM4 (09.11.2017).

2 Martin Ford, Aufstieg der Roboter, Kulmbach, 2016, S. 25. Einen kurzen Eindruck vom gegenwärtigen Entwicklungsstand vermittelt: https://www.youtube.com/watch?v=Z70_3wMFO24 (09.11.2017).

3.2.3 Big Data

(1) Begriff

Big Data ist ein Schlagwort aus Industrie 4.0 und meint damit

- die **immense,** häufig **nicht strukturierte Datenmenge,** die
- mit **hoher Entstehungsgeschwindigkeit** und
- in **großer Datenvielfalt** (Texte, Bilder, Messwerte usw.)

erzeugt wird.

Die ungeheure Explosion an digitaler Information sprengt die Grenzen der Vorstellungskraft.

Beispiel

Wissenschaftler schätzen die **Summe aller Daten,** welche die Menschheit seit ihrer Entstehung bis zum Jahr 2000 in Form von Keilschrift, Hieroglyphen, Büchern und Bildern, in Filmen und Audiodateien, auf Schallplatten, Tonbändern, Disketten, CDs und DVDs erzeugt hat, auf **etwa zwei Exabytes.** Das sind $2 \cdot 10^{18}$ Bytes oder zwei Milliarden Gigabytes. Heute entsteht diese Datenmenge an einem einzigen Tag! Dies sind zehnmal mehr Daten als in allen Büchern der Welt zusammen enthalten sind.[1]

(2) Hintergrund

Riesige Datenmengen werden zunächst verursacht durch Milliarden von Menschen mit ihren Smartphones, Tablets und PCs. In der Welt von Industrie 4.0 haben aber auch **Maschinen** in der Fertigung, Stromzähler, Kühlschränke, Heizungsanlagen, Autos usw. eine **IP-Adresse** und sind damit Teil eines gigantischen Netzwerkes, dem Internet der Dinge. Diese Geräte werden durch Tastatureingaben (z. B. Klick auf „Gefällt mir"-Taste), Sensoren, Zähler oder Kameras zu **Erfassungsgeräten für eine ungeheure Menge an Informationen:**

- Vertragsdokumente,
- Videos,
- Anfragen auf Suchmaschinen,
- Informationen über die Position eines Flugzeuges im Luftraum,
- Fotos,
- Äußerungen in sozialen Netzwerken,
- Beschleunigung und Verzögerung eines Autos usw.

(3) Datenspeicherung

Statista Research & Analysis prognostiziert für das Jahr 2025 weltweit ein digitales Datenaufkommen („digitales Universum") von 163 Zettabytes.[2] Diese Daten liegen keineswegs nur auf lokalen Festplatten. Frühere Computer mussten alles, was sie zur Verarbeitung benötigten,

Infobox

1991 wurden auf der 19. General Conference on Weights and Measures die Präfixe für Maßeinheiten erweitert. „Yotta" mit dem Wert 10^{24} war die höchste Einheit. Die Dimension „Zettabyte" liegt nur noch eine Stufe darunter (10^{21} Bytes). Somit ist ein **Zettabyte** eine Eins mit 21 Nullen:

1 000 000 000 000 000 000 000 Bytes.

1 Vgl. Ulrich Eberl, Smarte Maschinen, München, 2016, S. 55.

2 Quelle: https://de.statista.com/statistik/daten/studie/267974/umfrage/prognose-zum-weltweit-generierten-datenvolumen/ (12.09.2017).

auf Festplattenlaufwerken „bei sich tragen". Heute werden Daten und Programme in die **„Cloud"** ausgelagert, was zahlreiche **Vorteile** bietet:

- Bei Bedarf können sie an jedem beliebigen Ort heruntergeladen werden.
- Dies spart lokalen Speicherbedarf in Form von großen Festplattenspeichern,
- erlaubt dennoch den Zugriff auf ein gigantisches Datenvolumen und
- unterstützt das Teilen dieser Datenbestände mit anderen Nutzern –
- und dies alles fast zum Nulltarif.

Für das jährliche Datenvolumen des weltweiten Internetverkehrs wird für 2020 ein Volumen von 2,3 Zettabytes prognostiziert.[1] Und knapp 15 Zettabytes werden in der Cloud lagern.[2]

Die Herausforderung liegt darin, dass nicht nur das immense **Volumen an Daten** in den Griff zu bekommen ist, sondern auch deren **Entstehungsgeschwindigkeit** und **Vielfalt.** Der überwiegende Anteil dieser Daten unterliegt keinem festen Satzformat, wie wir es z. B. aus ACCESS-Datenbanken kennen, sondern sie sind **unstrukturiert.** Sie fallen in einer Vielzahl von Datenformaten an, die oft untereinander nicht kompatibel sind.

Die International Data Corporation schätzt, dass bislang **nur drei Prozent** der Daten **verschlagwortet,** also einem Sachverhalt zugeordnet und damit im World Wide Web unter diesem Suchbegriff auffindbar sind. Die International Data Corporation bezeichnet dies als die **Big Data-Lücke.**

(4) Verarbeitung von Big Data

Das Streben, diese „Unstrukturiertheit" an Daten zu durchdringen, führte zur Entwicklung neuer Werkzeuge, mit denen die dahinterliegenden nützlichen Erkenntnisse herausgefiltert werden konnten.[3] Diese **Informationen zu ordnen und auszuwerten** ist eine der **Aufgaben der künstlichen Intelligenz.** Sie erstellt daraus Profile über jene, welche diese Daten erzeugt haben.

Die gigantischen Datenmengen sind z. B. für die Hersteller unglaublich nützlich. Damit sind sie den Kunden als Verursacher der Informationen einen Schritt voraus, weil sich daraus mit einer hohen Trefferquote z. B. **berechnen** lässt,

- was diese als nächstes tun werden,
- welche Produkte sie im Internet bestellen werden,
- wie sich die Preise an den Rohstoffbörsen entwickeln,
- wo und wann wir wie viel Energie benötigen werden.

1 Quelle: https://de.statista.com/statistik/daten/studie/266869/umfrage/prognose-zum-datenvolumen-des-globalen-ip-traffics/ (15.11.2016).

2 Quelle: Gitta Rohling, Fakten und Prognosen: Smarte Digitalisierung, Von Big Data zu Smart Data. Online verfügbar: http://www.siemens.com/innovation/de/home/pictures-of-the-future/digitalisierung-und-software/von-big-data-zu-smart-data-fakten-und-prognosen.html (12.09.2017).

3 Vgl. Martin Ford, Aufstieg der Roboter, Kulmbach, 2016, S. 114f.

Beispiel[1]

Wer mag das schon – endlose Warteschlangen, Stau an der Kasse und die Suche nach Kleingeld beim alltäglichen Lebensmitteleinkauf? Amazon möchte das jetzt ändern.

Im **Amazon Go** Mustermarkt in Seattle **beobachten** seit Anfang 2017 **Kameras, Sensoren und künstliche Intelligenz die Kunden.** Sie verfolgen deren Bewegungen und registrieren die eingekauften Waren. Beim Verlassen des Ladens rechnet der Käufer per App den Einkauf automatisch über sein Amazon-Konto ab.

In Amazons Mustermarkt braucht es menschliche Mitarbeiter nur noch, um die Regale zu füllen und das Essen zu verpacken. 3,4 Millionen Arbeitsplätze an den Kassen allein in den USA könnten dadurch abgeschafft werden.

Wichtig für Amazon ist aber nicht die Zeit, die der Kunde im Supermarkt spart, sondern die damit **gewonnene Datenflut über dessen Alltag.** Nur wer ein digitales Kundenkonto bei Amazon hat, kann sich beim Betreten des Ladens anmelden und den Inhalt des Warenkorbs automatisch abrechnen lassen. Für Algorithmen wäre es kein Problem, die Kunden noch genauer zu durchschauen, den künftigen Konsum vorherzusagen und gezielte Angebote zu unterbreiten.

Zurzeit (2017) ist Amazon Go nur für Mitarbeiter zugänglich, zeitnah soll es auch für die Öffentlichkeit geöffnet werden.[2] Das „Wall Street Journal" meldet, dass die Expansion in 2000 weitere Läden geplant sei.

Wie weit das führen kann, zeigt eine Begebenheit bei Target, dem zweitgrößten Discounter in den USA.[3]

Beispiel

Als der Statistiker Andrew Pole bei Target anfing, wurde er von der Marketing-Abteilung gefragt:

„Wenn wir wissen wollen, ob eine Kundin schwanger ist, könnten Sie das aus der Statistik ermitteln?"

Verhaltensforscher wissen, dass Menschen ihre Gewohnheiten radikal verändern, wenn sie an einer Schlüsselstelle ihres Lebens angelangt sind. Das gilt in besonderem Maße für Schwangere und junge Mütter.

Sie sind in einer für sie ganz neuen und sehr emotionalen Situation, müssen eine neue Welt erschließen und neue Produkte kennenlernen.

Ist die Geburtsanzeige erschienen, ist es für die Anbieter zu spät. Alle sind hinter der jungen Mutter her und überrollen sie mit Werbung, Gutscheinen, Sonderangeboten und Preisausschreiben. **Cleveres Marketing beginnt früher** – bereits während der Schwangerschaft. Und dies war das **Ziel von Target.**

Andrew Pole nahm die Datenmassen des Unternehmens unter die Lupe und fand heraus, dass **schwangere Frauen** ein **auffälliges Kaufmuster** aufweisen, das sich an etwa 25 Produkten festmachen lässt:

---

1 Léa Steinacker, Das Offlinerätsel, WirtschaftsWoche Nr. 52/2016.

2 Zu Anfang gab es Startschwierigkeiten. Waren mehr als 20 Kunden gleichzeitig im Raum, wurde es immer schwieriger, deren Aufenthaltsort korrekt zu ermitteln. Inzwischen verdichten sich die Anzeichen für einen baldigen Start. Die Planung für den Roll-out (**Roll-out**: auf den Markt bringen) der Kette Amazon go läuft.
Quelle: http://t3n.de/news/amazon-go-supermarkt-start-830640/ (19. 10. 2017).

3 Quelle: Jay Tuck, Evolution ohne uns: Wird künstliche Intelligenz uns töten? Kulmbach, 2016, S. 109.

Kaufen sie z. B. geruchsneutrale Seife und Wattebällchen in großen Mengen, ist dies ein ziemlich verlässlicher Hinweis auf eine bestehende Schwangerschaft. Größere Mengen von geruchsneutralen Cremes weisen auf eine Schwangerschaft im vierten Monat hin. Vitamin- und Mineralienzusätze wie Kalzium, Magnesium und Zink sind ein guter Indikator für die zwanzigste Woche. Produkte zur Handsterilisierung und Waschtücher sind Alarmzeichen für einen baldigen Geburtstermin.

Verbindet man Einkaufsquittungen mit Daten von Kredit- oder Kundenkarte hat man ein ausgezeichnetes Werkzeug für frühzeitige und gezielte Werbemaßnahmen.

Anfang 2012 berichtete die New York Times, dass sich der Vater eines minderjährigen Mädchens massiv über die Werbung einer örtlichen Target-Filiale beschwerte. Der Konzern habe seine Familie beleidigt. Seine Tochter gehe noch auf die Highschool und sei definitiv nicht schwanger. Dem Filialleiter war sofort klar, dass im konservativen Minneapolis mit diesem Thema nicht zu spaßen war. Er entschuldigte sich unmittelbar, rief aber ein paar Tage später noch einmal bei dem Vater an und bot ihm als „Geste des guten Willens" einen Einkaufsgutschein an. Doch der Vater hatte sich beruhigt und räumte ein, dass es einige Aktivitäten in seinem Haus gegeben habe, die ihm seinerzeit unbekannt gewesen seien.

3.2.4 Internet der Dinge

Das **Internet der Dinge** (Internet of the Things, auch IdD oder IoT) **vernetzt** zum einen **kommunizierende Menschen,** zum anderen auch **„kommunizierende Dinge",** wie z. B. Fertigungsmaschinen, Kühlschränke oder Heizungsanlagen.

Diese Dinge nehmen über Sensoren, Mikrofone, Temperaturfühler, Druckmesser, Tastaturen usw. bestimmte Umgebungszustände wahr, z. B.

- „Heizungsanlage produziert nicht die angeforderte Wärmemenge",
- „Tonerkartusche im Kopiergerät ist leer",
- „Paket ist im Verteilzentrum eingetroffen",
- „Im Kühlschrank ist keine Butter",
- „Dem Benutzer gefällt diese Information auf der Webseite".

Solche Informationen sind für andere Teilnehmer (z. B. Wartungsdienst, Hausmeister) oder Dinge (z. B. Programm zur Erfassung von Kundenaufträgen auf Seiten eines Lieferers) im Netz von Bedeutung. Deshalb müssen sie diesen Teilnehmern oder Dingen über das Internet zur Weiterverarbeitung zur Verfügung gestellt werden. Diese werten die Information aus und

- **erweitern** damit ihren **Informationsstand,** z. B. über die Interessen eines Internetnutzers oder den Sendungsstatus einer Warenlieferung. Die Informationen werden zu einem späteren Zeitpunkt benötigt (z. B. um kundenbezogene Streamingangebote für Spielfilme zu unterbreiten, den Empfang der Ware vorzubereiten) oder
- sie **veranlassen Reaktionen** – insofern, dass sie z. B. die gespeicherten Fehlermeldungen der Heizungsanlage abfragen oder evtl. Prognosedaten (voraussichtliches Wetter) einbinden, um eine zielgerichtete Wartung der Anlage zu veranlassen.

Ziel ist es, den Dingen, die bisher durch Eingriffe des Menschen gesteuert wurden, mithilfe von **Internet** und **Sensoren** eine Art Eigenleben zu geben: Sie werden **smart.**[1] Nach Schätzung des US-Telekommunikationsunternehmens Cisco werden bis zum Jahr 2020 mindestens 50 Milliarden Objekte vernetzt sein und untereinander Daten austauschen. Bis zum Jahr 2022 werden sich mit dem Internet der Dinge schätzungsweise rund 14 Billionen Dollar verdienen lassen.[2]

Beispiel[3]

Die **Aufzugssparte** von **Thyssen Krupp** betreibt und wartet mehr als 1,1 Millionen Aufzüge weltweit. 73 davon fahren im neuen One World Trade Center in New York, darunter einige, die zu den schnellsten in der westlichen Welt gehören.

Doch für die Kunden von ThyssenKrupp Elevators ist neben der Schnelligkeit **Zuverlässigkeit** ein weitaus wichtigerer Faktor. Tausende Sensoren und Systeme, die in einem Aufzug so ziemlich alles von der Temperatur des Motors, der Schachtausrichtung, der Geschwindigkeit der Kabine über die Funktionsweise der Türen messen, verknüpft der Hersteller mittlerweile mit **Cloud-Systemen** und wandelt Daten in wertvolle Erkenntnisse um – genannt **„Business Intelligence“.**

Die Aufzugsanlagen von ThyssenKrupp zählen zum **Internet der Dinge:** Die Aufzüge übermitteln den Technikern schon lange vor einem Ausfall, was diese zu welchem Zeitpunkt warten sollen, und geben ihnen dazu auch einfach nachvollziehbare Reparaturanleitungen.

Mit diesen sogenannten **„Predictive Analytics“-Prognosen** und den zugrundeliegenden Algorithmen ist der Konzern dem Industriestandard der Präventiv-Wartung (vorbeugenden Wartung) einen Schritt voraus.

Infobox

- **Business Intelligence:** Verfahren zur systematischen Analyse (Sammlung, Auswertung und Darstellung) von digitalen Informationen.
- **Predictive Analytics-Prognosen:** Auf der Basis von Datenmodellen werden Vorhersagen darüber getroffen, wie sich eine Situation in der Zukunft entwickeln wird oder kann. Predictive Analytics ist derzeit ein wichtiger Trend im Bereich von Big Data, auch in Verbindung mit dem Internet der Dinge. Durch **Predictive Policing,** z. B. der Vorhersage von Straftaten, ermittelt das System anhand von Vorgehensmustern früherer Taten (Ort, Tatzeit, Art und Weise) die Wahrscheinlichkeit, mit der in einem bestimmten Wohn- oder Gewerbegebiet ein Einbruch geschehen wird. Durch abgestimmte Einsatzplanung für die Streifenwagen wäre – im Glücksfall – die Polizei bereits vor den Tätern am Ort des Verbrechens.

Beispiel[4]

Ohne die revolutionäre Idee des Fließbands würden heute keine 90 Millionen Autos jährlich gebaut. Jetzt plant der Audi-Vorstand in Ingolstadt eine neue Revolution: **Er will das Fließband abschaffen.** Die Autos sollen **schon als Karosserie auf dem Weg durch die Fabrik digital vernetzt und autonom unterwegs** sein.

1 Siehe Kapitel 4.1 „Begriff smartes Produkt“.

2 Quellen: Ulrich Eberl, Smarte Maschinen, München, 2016, S. 57 und Lena Schipper, Was ist eigentlich das Internet der Dinge? Frankfurter Allgemeine, 2015. Online verfügbar: http://www.faz.net/aktuell/wirtschaft/cebit/cebit-was-eigentlich-ist-das-internet-der-dinge-13483592.html?printPagedArticle=true#pageIndex_2 (13.09.2017).

3 Quelle: FAZ Verlagsspezial Industrie 4.0 vom 22.11.2016.

4 Roland Losch, Audi will das Fließband abschaffen (geringfügige Anpassungen durch Autor). Online verfügbar: http://www.heise.de/newsticker/meldung/Audi-will-das-Fliessband-abschaffen-3504451.html (13.09.2017).

Audi will das Fließband abschaffen

Mehr Varianten, mehr Ausstattungen

„Nur mit dem einen, immer gleichen Produkt ergab die Fließband-Fertigung vor 100 Jahren Sinn“, sagt der Audi-Vorstand. „Heute wollen unsere Kunden genau das Gegenteil: Jeder Audi soll so einzigartig sein wie ein Maßanzug.“ Im harten Wettbewerb bieten die Autobauer immer mehr Modelle, Motoren, Varianten und Ausstattungen an. In der Oberklasse laufen heute praktisch keine identischen Fahrzeuge mehr vom Band. Beim 7er BMW zum Beispiel gibt es inzwischen zehn Millionen Möglichkeiten.

Wenn aber das richtige Bauteil am Band fehlt, eine Maschine ausfällt oder die Linie für eine neue Modellvariante umgebaut werden muss, steht gleich die ganze Produktion still, sagt die Unternehmensberatung PwC. Der neue Ansatz von Audi sei deshalb „beeindruckend und zukunftsweisend“.

Smarte Fabrik – Audi setzt auf die modulare Montage

Statt Fließband gibt es im Werk künftig 200 Montageinseln. Die Karosserie wird von Robotern auf einen **Transportwagen** gepackt, **der sich selbst seinen Weg zu den verschiedenen Inseln sucht.** „Wie vor den Kassen im Supermarkt, wo sich der Kunde an der kürzeste Warteschlange anstellt, steuert das vernetzte Fahrzeug zunächst die Stationen an, wo die Auslastung niedriger ist“, erklärt der Ingenieur und Innovationsmanager. Und anders als auf dem Fließband durchfährt das Fahrzeug auch nicht mehr jede Station. „Der Kunde in Afrika hat keine Sitzheizung bestellt, also umfährt das Fahrzeug diese Einbaustation“. Die Türdichtungen sind im Zweitürer schneller montiert als im Viertürer: „Das Fahrzeug verlässt die Station schneller, die gesamte Auslastung wird höher – am Ende des Tages haben wir mehr Fahrzeuge produziert.“

Modulare Montage statt Bandstopp

Vor allem aber gefällt dem PwC-Branchenexperten, dass für eine geänderte Modellvariante kein Band mehr gestoppt und umgebaut werden muss. „Die Produktion läuft weiter, während eine neue Montagestation eingerichtet wird. Danach steuern die Fahrzeuge die neue Station an. Das ist hochelegant!“

Der Audi-Vorstand rechnet mit rund **20 Prozent mehr Produktivität.** [. . .]

Beim Bau des Sportwagens R8 in Neckarsulm hat die Modulare Montage das Fließband schon abgelöst, als nächstes soll sie im ungarischen Motorenwerk Györ getestet werden. „Sie stellt also keine Zukunftsmusik mehr dar“, sagt Audi.

Inklusives Arbeiten möglich [. . .]

Für die Mitarbeiter sieht Audi vor allem Vorteile. Jeder Fabrikarbeiter „weiß, was für ein Stress entsteht, wenn man taktgebunden arbeiten muss“. An manchen Bändern im VW-Konzern werde ein 60-Sekunden-Takt gefahren. **Auf der Montageinsel aber können auch alte und behinderte Mitarbeiter mithalten – keiner muss mehr befürchten, die anderen aufzuhalten oder gar einen Bandstopp zu verursachen.**

[. . .] Alle Daten in der Fabrik der Zukunft laufen in der Steuerzentrale zusammen. Wie der Tower eines Flughafens dirigiert sie die autonomen Transporter, die selbstfahrenden Gabelstapler und Behälter mit den notwendigen Bauteilen. Sogar Drohnen testet Audi schon im Stammwerk Ingolstadt – im Notfall könnten sie kleinere Bauteile rasch an Ort und Stelle bringen. [. . .]

Die modulare Montage wird auch geführt unter dem Begriff **Schwarmfertigung**. Sie hat ihre Stärken bei relativ geringen Stückzahlen und hohen Ansprüchen an die Flexibilität aufgrund der Variantenvielfalt. Bei hohen Stückzahlen relativ einheitlicher Produkte kommen die Vorteile des Fließbandes zum Tragen.

Wie dieses Fertigungsverfahren im Jahr 2035 aussehen könnte, verdeutlicht die Ideensammlung des Automobilherstellers Audi. Die folgende Abbildung zeigt die **modulare Fertigung** in einer Fabrik der Zukunft:[1]

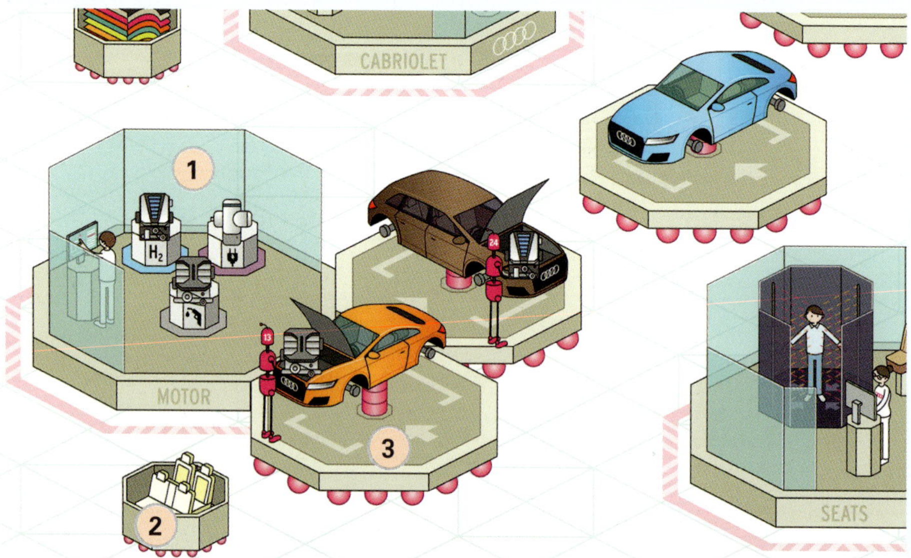

1. Die **Fertigungsinsel (Kompetenzinsel)** – organisiert wie eine kleine Werkstatt – wird von einem oder zwei Mitarbeitern bedient. Den Einbau der Komponenten übernimmt ein Roboter. Hier werden z. B. Elektromotoren, Brennstoffzellensysteme und auch noch Verbrennungsmotoren eingebaut. Die Fertigung wird nicht mehr nach dem Zeittakt der Fließbandfertigung strukturiert, sondern nach Arbeitsinhalten.
2. Autonom fahrende Transportfahrzeuge oder selbstfahrende Regallager bringen die benötigten Komponenten und Materialien „just in time" zur jeweiligen Fertigungsinsel.
3. Autonom fahrende Transportfahrzeuge bringen das Automobil zur jeweiligen frei verfügbaren Fertigungsinsel. Das Transportsystem weiß, dass „sein" Automobil als nächstes beispielsweise das Lenkrad und die Sitze braucht, und es fragt die Kompetenzinseln für Innenausstattung ab, wo gerade Kapazitäten frei werden. So folgt das Automobil zwar keiner äußerlich erkennbaren, wohl aber einer „inneren", virtuellen Fertigungslinie: Das Auto wandert von Station zu Station und wird dort jeweils mit allen notwendigen Materialien und Arbeiten „versorgt".

Durch computergesteuerte und per Internet verknüpfte Prozesse „denken" die Maschinen mit. Alle Maschinen und Produkte stehen miteinander in einem ständigen Kontakt bzw. Datenaustausch.

Roboter arbeiten Hand in Hand mit den Menschen. Sie übernehmen wiederkehrende Arbeitsschritte wie z.B. den Einbau der Sitze oder Antriebsaggregate.

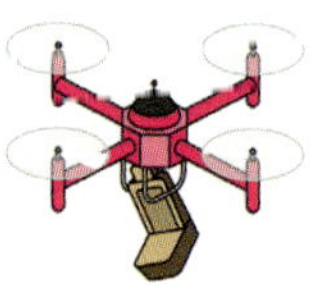

Für den „Schnelltransport" von Komponenten werden Drohnen eingesetzt.

Der künftige Fahrer wird in einem Bodyscanner vermessen. Der passgenaue Sitz kommt aus dem 3-D-Drucker.

1 Quelle: AUDI AG: https://blog.audi.de/modulare-montage-statt-fliessband/ (25.10.2017).

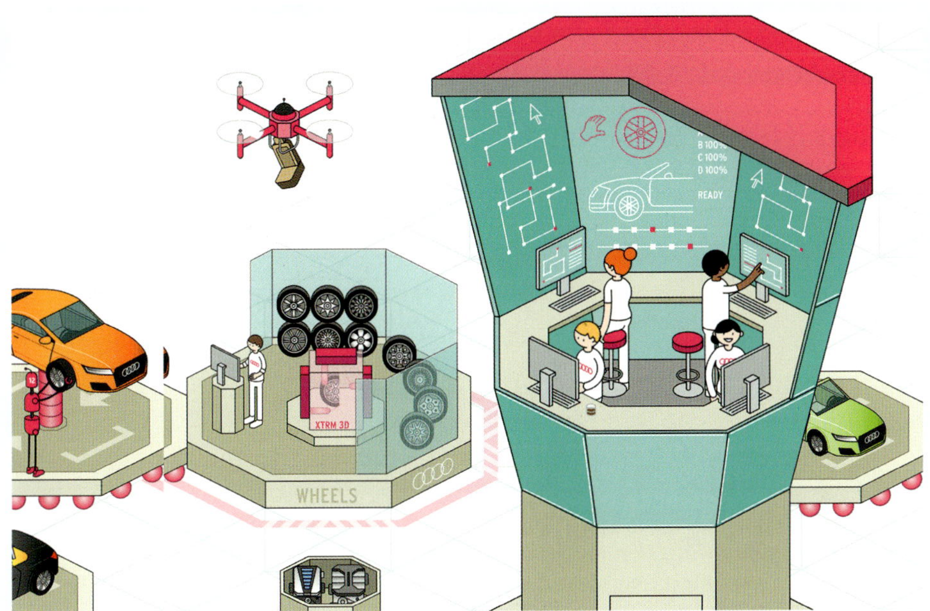

Wie in einem Flughafen wird die Smart Factory von einem Tower gesteuert, in dem alle Daten zusammenlaufen. Der Tower dirigiert die Roboter, die selbstfahrenden Transportsysteme, Gabelstapler und die Transportkisten, die die Bauteile zu den Montageinseln bringen. Die Datenzentrale weiß von jedem Automobil und jeder Maschine in Echtzeit, wo es ist, was es gerade macht und was als Nächstes geschehen muss. Der Tower gibt den Bauplan vor. Er sorgt dafür, dass das Große und Ganze zusammenfindet.

Fazit

Die **Jahre nach der Jahrhundertwende** waren noch geprägt vom **Internet der Verbraucher.**

Jetzt dringt die vierte industrielle Revolution in das **Zentrum der Wirtschaft** vor, in die Industrie, den Handel, die Landwirtschaft, das Gesundheitswesen **bis hinein in den privaten Bereich.**

Von herausragender Bedeutung ist dabei die **künstliche Intelligenz.**

- **Robotertechnik** setzt die digitalen Anweisungen der Intelligenz in Handlungen um.
- **Big Data** liefert mit ihren ungeheuren Datenmengen die Informationsgrundlage.
- Und über das **Internet der Dinge** kommuniziert alles mit allem – auch ohne Mensch.

3 Hug - ISBN 978-3-8120-0304-9

4 Smarte Produkte und die Veränderungen des Geschäftsmodells

4.1 Begriff smartes Produkt

In einer stark industriell geprägten Exportnation wie Deutschland, die darauf angewiesen ist, die globale Wettbewerbsfähigkeit zu erhalten und weiter auszubauen, sind smarte Produkte gleichbedeutend mit einer **Neuauflage von „Made in Germany"** – dieses Mal durch eine digitale Komponente.

Ein Produkt wird **smart,** wenn durch die **Einbettung von Informationstechnologie** der Funktionsumfang erweitert wird. Über des alltäglichen Gebrauchswert (Grundnutzen) hinaus erhält es einen zusätzlichen Mehrwert **(Zusatznutzen),** der über die ursprüngliche Zweckbestimmung des Produktes hinausgeht.

Solche Zusatznutzen entstehen z. B. durch die Möglichkeiten, dass

- das Produkt **Daten erfassen und speichern** kann (siehe Rolle des Smartphones im nachfolgenden Beispiel),
- das **Produkt sich selbst und seine Umgebung beobachten** und seinen **Zustand selbst bestimmen** kann („Tonerkartusche ist leer"),
- im Produkt **gespeicherte Daten ausgelesen, analysiert und ausgewertet** werden können (z. B. können aus einem „Produktgedächtnis" Bedienungsanleitung, Garantie-, Betriebs- und Wartungsdaten des Produkts ausgelesen werden) und
- das Produkt befähigt wird, aufgrund übertragener Daten, **Aktionen autonom auszuführen** (siehe Rolle der Kaffeemaschine im nachfolgenden Beispiel).

Im Grunde setzt sich ein smartes Produkt aus drei Komponenten zusammen:

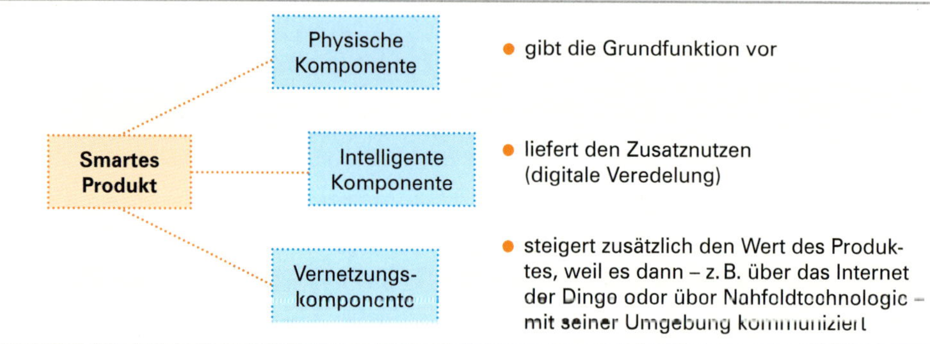

Aus Sicht der Unternehmen ergeben sich daraus **enorme Effizienzgewinne:**

- Die Nutzbarkeit der Einrichtung wird verbessert,
- die Betriebssicherheit erhöht,
- die Lagerkosten verringert,
- Wartungskosten gespart usw.
- Weiterer Vorteil für den Hersteller: Dieser Mehrwert erlaubt es dem Anbieter, höhere Preise am Markt durchzusetzen.

Das Smartphone ist der Prototyp eines solchen Produktes. Logisch zusammengehörende smarte Produkte werden vernetzt zur „Smart Factory", „Smart City", zum „Smart Home" usw.

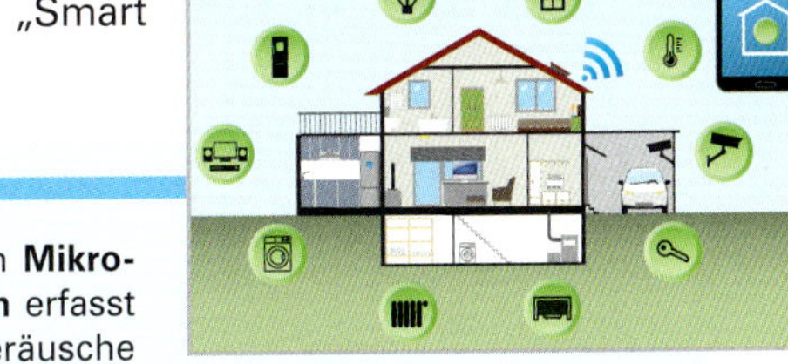

Beispiele

Smarte **Werkstücke** in einem Industriebetrieb besitzen das **Wissen** über den Ablauf ihres **Herstellungsprozesses.** Sie unterstützen den Fertigungsablauf, indem sie der Bearbeitungsmaschine die Information übergeben,

- mit welchen Parametern (z. B. Vorschub des Fräskopfes, Drehzahl, Wegstrecke) es zu bearbeiten und
- welches die nächste Station ihrer Bearbeitung ist.

Die **Kaffeemaschine** empfängt durch das Tippen des Menschen auf das Display des **Smartphones** die Information, dass der Mensch aufgewacht ist und beginnt mit dem Brühen des Kaffees.

Das zu Nokia gehörende Unternehmen Withings entwickelte die erste eigene **„intelligente Haarbürste"** namens „Hair Coach", in der laut Entwickler „fortschrittlichste Sensoren" integriert sind. Ein Signalanalyse-Algorithmus von L'Oréal liefert auf Grundlage der Sensoren detaillierte Informationen zum Haar und erkennt die Ergebnisse unterschiedlicher Haarpflegeroutinen. Dazu ist die Haarbürste mit folgenden technischen Einrichtungen ausgestattet:

- Ein **Mikrofon** erfasst Geräusche während des Haarbürstens, um Muster zu identifizieren und Einblicke in die Handhabbarkeit, Krausheit, Trockenheit, Spliss und Bruch zu geben.
- Ein **3-Achsen-Kraftsensor** misst die auf die Haare und die Kopfhaut beim Bürsten ausgeübte Kraft.
- Ein **Beschleunigungsmesser** und ein **Gyroskop** helfen, Bürstenmuster noch weiter zu analysieren sowie die Bürstenstriche zu zählen.
- **Haptische[1] Rückmeldungen** signalisieren, wenn die Nutzer zu kräftig kämmen.
- **Leitfähigkeitssensoren** bestimmen, ob die Bürste auf trockenem oder nassem Haar verwendet wird, um eine genaue Haaranalyse zu liefern.

Zudem bietet eine zugehörige Smartphone-App personalisierte Produktempfehlungen, die dabei helfen sollen, die Gesundheit des Haares zu verbessern.[2]

4.2 Veränderung des Geschäftsmodells

Smarte, internetfähige Produkte ermöglichen die Entwicklung innovativer und wachstumsstarker Geschäftsmodelle.[3]

Die Menschen aus der Generation der **Digital Natives** wachsen auf mit diesen Produkten.

Ein **Digital Native** ist eine Person, die in der digitalen Welt groß geworden ist, und daher keine oder weniger Probleme hat, mit dieser Technik umzugehen und Veränderungsprozesse zu akzeptieren.

---

1 **Haptisch:** mithilfe des Tastsinns.

2 Nico Jurran, Erste Smarte Bürste soll für schönes Haar sorgen. Online verfügbar unter: https://www.heise.de/newsticker/meldung/Erste-smarte-Buerste-soll-fuer-schoenes-Haar-sorgen-3587445.html (13.09.2017).

3 Vgl. Fraunhofer-Institut für Produktionstechnik und Automatisierung und Dr. Wieselhuber & Partner GmbH, Unternehmensberatung, Geschäftsmodell-Innovation durch Industrie 4.0 – Studie, März, 2015. Online verfügbar: https://www.wieselhuber.de/migrate/attachments/Geschaeftsmodell_Industrie40-Studie_Wieselhuber.pdf (13.09.2017).

Sie nutzen viel unbefangener als frühere Generationen die Potenziale der digitalen Veränderung. Sie wirken wie ein Katalysator, der die digitale Transformation zusätzlich antreibt. **Neue Konsummuster** entstehen – „Nutzen" statt „Kaufen und besitzen". Beispiele hierfür sind Spotify und Netflix.

Beispiel

Sind die **Autos** erst einmal in der Lage, **vollständig autonom zu fahren,** dann wird es nicht mehr notwendig sein, ein solches selbst zu kaufen, das zu 95 % seiner Lebenszeit irgendwo steht.

Die eigentliche Umwälzung nimmt dann erst ihren Anfang, weil ein völlig **neues Geschäftsmodell** für die **Verwendung von Autos** entsteht:

- Man wird ein Auto für bestimmte Zeiten „abonnieren" oder bei Bedarf „bestellen" können.
- Es holt einem zum vereinbarten Zeitpunkt an jedem beliebigen Ort ab, optimiert die Kosten der Fahrt, indem es unterwegs u. U. weitere Mitfahrer zu- oder aussteigen lässt.
- Es kennt und berücksichtigt die aktuelle Verkehrssituation und bringt einen sicher zum Ziel.
- Statt zu parken und zu warten steht es währenddessen auch anderen Nutzern zur Verfügung.
- Der Gesamtbedarf an Pkw, kostbaren Parkplätzen und teuren Garagen wird radikal sinken.

Das Geschäftsmodell eines Unternehmens beschreibt das unternehmerische Handeln aus zwei unterschiedlichen Perspektiven.

Perspektive	Diese Sicht klärt die Frage:
Front-End-Perspektive	Welches Bündel an Leistungen verkauft das Unternehmen an wen und auf welche Weise?
Back-End-Perspektive	Auf welche Weise erbringt das Unternehmen diese Leistung, damit der angestrebte Gewinn erzielt werden kann?

Für die Weiterentwicklung des Geschäftsmodells gibt es zwei grundlegende Strategien:

- Veränderung durch Evolution[1],
- Veränderung durch Revolution (disruptive Entwicklungen).

(1) Strategie 1: Veränderung durch Evolution

Bei diesem Szenario geht man aus von einer **schrittweisen Weiterentwicklung des bestehenden Geschäftsmodells.** Die Art und Weise und der Umfang des Leistungsangebotes, also der Grundnutzen des Produktes, wird nicht grundsätzlich verändert. Vielmehr wird der **Wert des Zusatznutzens erhöht** durch die Aufnahme weiterer Funktionen im Bereich der intelligenten Komponente. Das Produkt hat also mehr „drauf".

1 **Evolution:** (lat.) evolvere = entwickeln, hier: allmähliche Veränderung der Merkmale eines Unternehmens.

Beispiel

Die **Würth-Group** mit Firmensitz in Künzelsau ist Weltmarktführer im Handel mit Montage- und Befestigungsmaterial, also z.B. Schrauben, Dübel und Werkzeuge. Sie besteht aktuell aus über 400 Gesellschaften in mehr als 80 Ländern und beschäftigt 73000 Mitarbeiter.[1] Als eigenständiges Tochterunternehmen ist die **Würth Industrie Service GmbH & Co. KG** mit über 1420 Mitarbeitern am Standort Bad Mergentheim im Industriepark Würth tätig. Es ist spezialisiert auf die **Versorgung von Industrieunternehmen mit C-Teilen.**

Die Würth Industrie Service hat 2013 mit **iBin** ein **optisches Bestellsystem** präsentiert, **das über die traditionellen Kanban-Systeme hinausgeht,** indem es quasi selbst „mitdenkt" und damit die gesamte Materialwirtschaft nachhaltig revolutioniert.[2]

Infobox

- **C-Teile** sind solche, die einen geringen Verbrauchswert aufweisen. Häufig handelt es sich um Cent-Artikel mit hoher Verbrauchsmenge (z.B. Schrauben, Unterlagsscheiben usw.). Letzteres führt zu unverhältnismäßig hohen Beschaffungs- und Lagerhaltungskosten.
- Bei traditionellen **Kanban-Systemen** erfolgt die Übermittlung der Bestelldaten durch die Kanban-Karte.

Funktionsweise des iBin	
• Ein **intelligenter Vorratsbehälter** erhebt über eine integrierte Kamera regelmäßig die Daten über Bestand und Entnahmemenge der Artikel. Das intelligente System hat dadurch eine **zeitpunkt- und stückgenaue Übersicht** über den Behälterinhalt der C-Teile. • Ist eine festgelegte Restmenge erreicht, werden über einen RFID-Chip die Werte als Bild an das Warenwirtschaftssystem der Würth Industrie Service übermittelt. Dort werden die Behälterdaten geprüft und anhand der empfangenen Daten löst der iBin präzise und **vollautomatisch die Nachbestellung** der C-Teile aus.[3]	
Nutzen für den Kunden	**Nutzen für die Firma Würth**
• Die Kleinteile werden – angepasst an den tatsächlichen Verbrauch – just-in-time angeliefert. • Der Kunde gewinnt transparente Informationen über den Verbrauch. • Durch punktgenaue Anlieferung werden keine zusätzlichen Lagerflächen am Montageort benötigt.	• Sie hat Informationsvorteile durch genaue Kenntnis des Füllstandes und der Entnahmen. • Dadurch kann sie kundenbezogene Leistungspakete (Sonderangebote) anbieten. • Der Nachlieferungsprozess verläuft in hohem Maße selbsttätig. Dies spart Kosten.

(2) Strategie 2: Veränderung durch Revolution

Bei diesem Szenario eröffnen **radikale Neuerungen in den Geschäftsmodellen** ein gänzlich neues Produktangebot, das dem Kunden einen Mehrwert bringt. Häufig ist dies verbunden mit einer Verlängerung der Wertschöpfungskette, die den Kunden auch nach Abschluss des Kaufvertrages an das Unternehmen bindet.

1 Vgl. Unternehmensportrait der Würth Gruppe unter http://www.wuerth.com/web/de/wuerthcom/unternehmen/unternehmen_1.php (09.11.2017).

2 Vgl. http://www.pressebox.de/pressemitteilung/wuerth-industrie-service-gmbh-co-kg/iBin-Bestaende-im-Blick/boxid/573792 (09.11.2017).

3 Informatives Firmenvideo online verfügbar: https://vimeo.com/79034870 (09.11.2017).

Beispiel

Amazon, der inzwischen größte Online-Versandhändler im Endkonsumentengeschäft, besitzt seit jeher eine hohe Kompetenz im Auftrags-, Lager- und Retouren-Management. Im Jahre 2012 übernahm Amazon das Unternehmen Kiva Robotics. Tausende von **Kiva-Robotern** sind nun in den **Amazon-Logistikzentren** im Einsatz.

Die Roboter fahren mit einer Geschwindigkeit von rund 5 Stundenkilometern, wiegen circa 145 kg, sehen aus wie orangefarbene Schildkröten auf Rädern und können auf ihrem Rücken bis zu 340 kg transportieren.

Die Mitarbeiter im Versand müssen nicht mehr zu den einzelnen Regalen laufen, um die bestellten Produkte zu holen. Vielmehr bringen die Kiva-Roboter die Regale zu den Mitarbeitern, damit diese dort die Produkte zur Kommissionierung entnehmen können.[1]

Dadurch verbessert sich die **interne Transporteffizienz.** Zur Verbesserung der **externen Transporteffizienz** investiert Amazon verstärkt in eine eigene Transportflotte. Dadurch wird nicht nur der Warentransport zwischen den Logistikzentren beschleunigt. Amazon strebt an – gegen eine entsprechende Gebühr –, Lieferungen am selben Tag zuzustellen und sich weiter von den bisherigen Logistikpartnern unabhängig zu machen.

Durch die Entwicklung in Richtung eines Full-Service-Logistikers stößt Amazon in die vor- und nachgelagerten Stufen der Wertschöpfungskette vor. Die Veränderung der bestehenden Wettbewerbsstrukturen bedroht die Marktpositionen von Firmen wie UPS, DHL und FedEx.

Neben Kapital, Innovation und Markenwert werden in Zukunft die kompetente Nutzung und die Kontrolle über die Netzwerke und Daten zum strategischen Faktor. Wer über die Netzwerke verfügt, hat die Daten und somit den Zugang zu den Kunden sowie die Kontrolle über die Wertschöpfungsketten.[2]

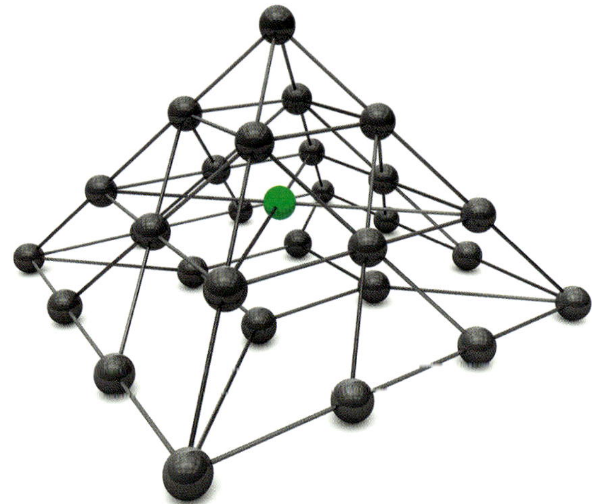

1 Bei youtube.com finden sich viele anschauliche Videos, u. a. https://www.youtube.com/watch?v=1Cxj6vBP18A (13.09.2017).

2 Benjamin Mikfeld, Zur Einführung: Trends, Diskurse, Klärungsbedarfe. In: Digitalisierung der Arbeitswelt, Werkheft 01 des BMAS (Hrsg.), Berlin, 2016, S. 17.

5 Wirtschaftliche und soziale Veränderungen

5.1 Veränderungen der Arbeitswelt

Die Unsicherheiten der bevorstehenden Umbruchphase intensivieren die Diskussionen über ein „Ende der Arbeit“ [1] aufgrund der gewaltigen Rationalisierungspotenziale.

5.1.1 Charakterisierung des Produktionsstandortes Deutschland[2]

Hidden Champion, englisch: unbekannter Weltmarktführer. Bezeichnung für relativ unbekannte größere Unternehmen (>50 Mio. € Umsatz bzw. >500 Mitarbeiter), die in ihrer Branche Marktführer sind.[3]

Deutschland gehört zu den konkurrenzfähigsten Industriestandorten und ist gleichzeitig führender Fabrikausrüster weltweit. Zahlreiche **Hidden Champions** mit ihren Speziallösungen gehören zu den Weltmarktführern. Unter den 100 deutschen Kleinen und Mittleren Unternehmen (KMU) in solchen Spitzenpositionen sind 22 Maschinen- und Anlagenbauer, darunter drei unter den Top 10. Mit seinem starken **Maschinen- und Anlagenbau,** seiner beachtlichen **IT-Kompetenz** und dem **Know-how in der Automatisierungstechnik** hat Deutschland die besten Voraussetzungen, die Potenziale dieser neuen Form der industriellen Revolution für sich zu nutzen und seine Führungsposition in der Produktionstechnik auszubauen.

Die Umwälzungen von Industrie 4.0 treffen in Deutschland auf ein Land im **demografischen Wandel.** In vielen Produktionsbetrieben liegt das Durchschnittsalter der Mitarbeiter bei Mitte 40. Es herrscht ein **Mangel an Fachkräften** und bei **Bewerbern für die Ausbildungsstellen** in bestimmten Berufsgruppen.

5.1.2 Ergebnisse zu den Beschäftigungseffekten der Digitalisierung

Die Gegebenheiten des Standortes Deutschland – mit seinem starken Mittelstand, der dualen Ausbildung, einer starken Industrie, der hohen Exportorientierung, dem schwachen Dienstleistungssektor und der geringen Gründungsrate – führen zu anderen Analyseergebnissen im Vergleich zu den stark digital ausgerichteten Volkswirtschaften, wie z. B. die USA mit Unternehmen wie Apple, Amazon, Microsoft, Oracle, Facebook oder Alphabet.[4]

---

1 Jeremy Rifkin, Die Null-Grenzkosten-Gesellschaft, Frankfurt/New York, 2014, S. 179 ff.

2 Vgl.: Promotorengruppe Kommunikation der Forschungsunion Wirtschaft – Wissenschaft und Deutsche Akademie der Technikwissenschaften e. V. (Hrsg.), Umsetzungsempfehlung für das Zukunftsprojekt Industrie 4.0, Abschlussbericht des Arbeitskreises Industrie 4.0, April 2013.

3 Siehe hierzu die Liste der Top 20 von 2015: http://www.wiwo.de/unternehmen/mittelstand/hidden-champions-diese-weltmarktfuehrer-haben-die-staerksten-marken/12561560.html (14. 09. 2017).

4 Thorben Albrecht und Andreas Ammermüller, Kein Ende der Arbeit in Sicht. In: Digitalisierung der Arbeitswelt, Werkheft 01 des BMAS (Hrsg.), Berlin, 2016, S. 40 ff.

(1) Prognosen bis zum Jahr 2025

Auszugsweise wird im Folgenden verwiesen auf den **Forschungsbericht** des **Instituts für Arbeitsmarkt- und Berufsforschung (IAB).**[1] Er kommt zu folgenden Schlussfolgerungen:

Auszug aus dem Forschungsbericht

Werden sämtliche Annahmen in die Betrachtung miteinbezogen, wird eine im **Jahr 2025** vollständig digitalisierte Arbeitswelt mit einer Welt verglichen, in der sich der technische Fortschritt bis zum Jahr 2025 am bisherigen Entwicklungspfad orientieren wird (Basisszenario). Bei diesem Vergleich zeigt sich, dass die Auswirkungen der Digitalisierung auf das Gesamtniveau der Arbeitsnachfrage mit minus 30 000 Arbeitsplätzen **relativ gering** ausfallen. Allerdings werden sich diese beiden Arbeitswelten hinsichtlich ihrer Branchen-, Berufs- und Anforderungsstruktur **deutlich unterscheiden.** In der digitalisierten Welt wird es im Jahr 2025 einerseits 1,5 Mio. Arbeitsplätze nicht mehr geben, die im Basisszenario noch vorhanden sein werden. Andererseits werden im Wirtschaft 4.0-Szenario ebenfalls 1,5 Mio. Arbeitsplätze entstanden sein, die im Basisszenario nicht existieren werden. Zusammengefasst unterscheidet sich das digitalisierte Szenario um rund 7 % (= 3 Mio. von 43,4 Mio. Arbeitsplätzen) vom Basisszenario.

Branchen- und berufsspezifischer Strukturwandel

Die Digitalisierung wird nicht nur eine „neue" Arbeitswelt schaffen. Auf dem Weg dorthin führt sie auch zu einer **Beschleunigung des Strukturwandels.** So verliert das Produzierende Gewerbe bezogen auf die Zahl der Erwerbstätigen weiterhin an Bedeutung, während vor allem die Branchen „Information und Kommunikation" und „Erziehung und Unterricht" vom Übergang in eine Wirtschaft 4.0 profitieren. Letztere gewinnt vor allem auf Grund der zentralen Rolle von Weiterbildung: Bei sich ändernden und erhöhten Anforderungen wird nach der Erstausbildung die Weiterbildung entscheidend werden, um Kompetenzen laufend weiterzuentwickeln.

Aber nicht nur der branchenspezifische Strukturwandel wird beschleunigt. Innerhalb jeder Branche hat die Digitalisierung durch den Abbau von Routinetätigkeiten auch großen Einfluss auf die aktuelle **Berufsstruktur.** Wie sich gezeigt hat, kann die Digitalisierung damit ein Weg sein, drohende Ungleichgewichte zu beheben. So werden in den produzierenden Berufen (einschließlich der „Technischen Berufe"), wo sich im Basisszenario aufgrund des demografischen Wandels Engpässe ergeben, weniger Arbeitskräfte eingesetzt. In den Dienstleistungsberufen werden dagegen mehr Arbeitskräfte benötigt als im Basisszenario ermittelt.

Neue Anforderungen am Arbeitsplatz

Infolge des branchen- und berufsspezifischen Strukturwandels ergeben sich auch neue Anforderungen am Arbeitsplatz. Allerdings sind von der Digitalisierung zahlenmäßig weniger die Helfertätigkeiten betroffen. Hauptsächlich werden im Vergleich zum Basisszenario **weniger Fachkrafttätigkeiten und mehr hochkomplexe Tätigkeiten nachgefragt.** Diese Entwicklung sollte jedoch nicht als Risiko betrachtet werden, sondern vielmehr als Chance. So werden bereits heute über 35 % aller hoch komplexen Tätigkeiten von Personen ausgeübt, die keine akademische Ausbildung haben. Trotz des weiter steigenden Anteils an Akademikern wird es auch langfristig Fachkräfte geben, die hoch komplexen Tätigkeiten nachgehen werden – vorausgesetzt, sie entwickeln ihre Kompetenzen laufend weiter.

Die Szenario-Rechnungen und die getroffenen Annahmen machen eines deutlich: **Letztlich gibt es keinen anderen Weg** – wenn Deutschland nicht in der Lage ist, eine Umsetzung der Wirtschaft 4.0 durchzuführen, dann werden andere Länder dies dennoch tun. Und die Annahmen, die sich im obigen Szenario positiv auf Deutschland auswirken (Vorreiter, zusätzliche Nachfrage im Ausland, Wettbewerbsvorteile) richten sich dann gegen den hiesigen Wirtschaftsstandort. Produktionsrückgänge und zusätzliche Arbeitslosigkeit sind die Folgen. Jene werden ausgelöst durch den Verlust an Wettbewerbsfähigkeit und die Verschiebung der inländischen Nachfrage hin zu importierten Produkten. Die Aufgabe kann also nur sein, den Übergang möglichst nachhaltig zu gestalten.

1 Institut für Arbeitsmarkt- und Berufsforschung der Bundesagentur für Arbeit (Hrsg.), Forschungsbericht 13/2016, Wirtschaft 4.0 und die Folgen für Arbeitsmarkt und Ökonomie vom 09.11.2016, S. 62ff. Online verfügbar: http://doku.iab.de/forschungsbericht/2016/fb1316.pdf (14.09.2017) (Geringfügige Anpassungen durch Autor).

Vor dem Hintergrund der oben dargestellten Forschungsergebnisse lassen sich zwei Botschaften ableiten:

Die gute Botschaft:	Durch die Digitalisierung der Wirtschaft gehen bis 2025 per Saldo kaum Jobs verloren.
Die schlechte Botschaft:	Viele werden sich dennoch eine neue Beschäftigung suchen müssen, weil das Anforderungsprofil der neu geschaffenen 1,5 Millionen Arbeitsplätze wenig übereinstimmt mit dem Qualifikationsprofil der 1,5 Millionen Beschäftigten auf den weggefallenen Plätzen. Die Beschäftigten, deren Arbeitsplätze wegfallen, können also nicht ohne Weiteres auf die neu hinzukommenden Plätze versetzt werden. Viele müssen sich umfassend fortbilden, um eine neue Beschäftigung zu finden.

Betroffen sind – wie im Auszug aus dem IAB-Forschungsbericht erwähnt – weniger die Hilfskräfte, sondern vor allem der **klassische Facharbeiter,** etwa in der Maschinensteuerung. Mit dem Einzug sich selbst steuernder digitaler Systeme und Roboter steigt bei dieser Gruppe vorübergehend das Risiko, arbeitslos zu werden.

Gute Zukunftsperspektiven in der digitalen Arbeitswelt von morgen haben in erster Linie **IT-Experten** und **Naturwissenschaftler,** wenn sie zwischen der digitalen und der realen Welt wandern können. Kreative und soziale Intelligenz, innovatives und prozessübergreifendes Denken sind Qualifikationen, die einen guten Schutz bieten. Aber auch **Lehrberufe** haben gute Perspektiven, da Fachleute gebraucht werden, die die Mitarbeiter auf ihre neuen Aufgaben und die Zusammenarbeit mit Robotern vorbereiten.

Zu bedenken ist, dass der Betrachtungszeitraum des IAB-Forschungsberichts bis zum Jahr 2025 nur einen sehr kurzen Zeitraum umfasst. Es ist kaum anzunehmen, dass die Umwälzungen durch Industrie 4.0 bis dahin schon in vollem Maße gegriffen haben.

Jeder kennt den **Ketchup-Effekt**: Zunächst kommt nichts aus der Flasche, man schüttelt, dann kommt wenig, und auf einmal blubbert alles. So ähnlich verläuft ein sich **beschleunigender, technischer Fortschritt.** Historisch gesehen bewegt er sich in der Regel auf einem **s-förmigen Pfad,**

- der zunächst kaum, dann langsam anschwillt,
- sich schließlich stark beschleunigt und
- letztlich in ein Plateau mit geringer Weiterentwicklung mündet[1] – bis sich durch eine nachfolgende technische Innovation ein neuer s-förmiger Pfad anschließt.

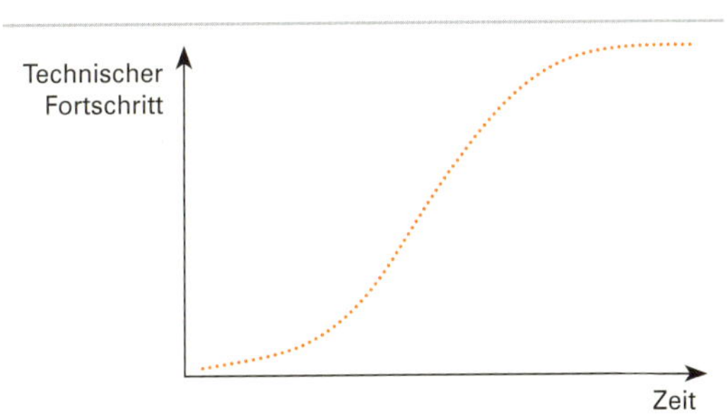

Niemand kann mit Sicherheit sagen, wo auf diesem s-förmigen Verlauf wir uns im Jahre 2025 befinden werden. Und damit besteht Unsicherheit über den Stand der dann vorhandenen technischen Entwicklung. Vielleicht ist das meiste Ketchup bis dahin noch in der Flasche und die großen Veränderungen in der Arbeitswelt liegen erst noch jenseits des Betrachtungszeitraums.

1 Siehe hierzu: Martin Ford, Aufstieg der Roboter, Kulmbach, 2016, S. 90ff.

(2) Prognosen bis zum Jahr 2030

Die neueste Studie „Arbeitsmarktprognose 2030" wurde im Auftrag des Bundesministeriums für Arbeit und Soziales (BMAS) erstellt und ist eine Fortschreibung bis zum Jahr 2030 der ersten umfassenden Arbeitsmarktprognose. Die Autoren Thorben Albrecht und Andreas Ammermüller fassen die wichtigsten Erkenntnisse der Studie zusammen. In diesem Zusammenhang ziehen sie Schlussfolgerungen für eine erfolgreiche Gestaltung des digitalen Wandels.[1]

Im Szenario einer **beschleunigten Digitalisierung** kann dank der Produktivitätseffekte mit deutlich positiven Auswirkungen auf Wachstum und Beschäftigung gerechnet werden.

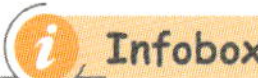

Bei einer **beschleunigten Digitalisierung** setzen Politik und Wirtschaft auf die intensive Nutzung der digitalen Technik, um die technologische Führerschaft sowie die industrielle Wettbewerbsfähigkeit auf den Weltmärkten zu sichern und die Produktivität der Arbeit zu steigern. Die Bildungs- und Infrastrukturpolitik richtet sich systematisch auf dieses Thema aus.

Eine aktive Gestaltung der Digitalisierung zahlt sich demnach aus. Nach Einschätzung der Autoren zieht vor allem ab 2025 – also jenseits des Beobachtungszeitraums aus dem Werkheft 01 – das Produktivitätswachstum an und führt zu einem Anstieg des Bruttoinlandsproduktes und des Pro-Kopf-Einkommens um geschätzte 4 % im Jahr 2030 im Vergleich zum Basisszenario, (welches von einer langsamen, aber stetigen Digitalisierung ohne besondere Schwerpunktsetzung ausgeht).

Bei einer beschleunigten Digitalisierung würde ein **Beschäftigungsverlust** von insgesamt 750 000 Jobs in 27 Wirtschaftssektoren (z. B. Einzelhandel, Papier und Druckgewerbe, öffentliche Verwaltung) mehr als **ausgeglichen durch** einen **Beschäftigungsgewinn** von insgesamt eine Million Jobs in 13 Sektoren (z. B. Maschinenbau, IT-Dienste, Forschung und Entwicklung). Voraussetzung ist, dass die Verschiebung zwischen den Branchen durch eine erfolgreiche Qualifizierung und aktive Arbeitsmarktpolitik begleitet wird. Gelingt diese Höherqualifizierung auf allen Ebenen, dann ist keine **Polarisierung** mit einem starken Rückgang im mittleren Qualifikationsbereich, verbunden mit einer relativen Zunahme sowohl der gering- als auch der hochqualifizierten Beschäftigung, zu erwarten. Angesichts der zuletzt hohen Zuwanderung von vielfach gering qualifizierten Personen ist die sinkende Nachfrage nach Arbeitskräften ohne Berufsschulabschluss eine enorme Herausforderung für die Bildungs- und Arbeitsmarktpolitik.

(3) Prognosen zur Automatisierbarkeit von Berufen

- **Experteneinschätzungen in den USA**

Viel öffentliche Aufmerksamkeit erhielt eine Studie im Jahre 2013 des Volkswirts Carl Benedikt Frey und des Experten für maschinelles Lernen Michael Osborne von der Oxford Martin School. Die beiden untersuchten auf der Basis von Experteneinschätzungen 702 verschiedene Berufe nach ihrer Wahrscheinlichkeit, automatisiert zu werden.

1 Vgl. Thorben Albrecht und Andreas Ammermüller, Arbeitsmarktprognose 2030. In: Wie wir arbeiten (wollen), Werkheft 02 des BMAS (Hrsg), Berlin, August 2016, S. 30 ff.

Die nachfolgende Tabelle listet eine **Auswahl an Berufen** auf mit dem **höchsten bzw. niedrigsten Automatisierungsrisiko.**[1] (Dabei bezeichnet 0 das geringste Automatisierungsrisiko, 1 dagegen das höchstes Risiko.)

Höchstes Automatisierungsrisiko	
Wahrscheinlichkeit	Beruf
0,99	Telefonverkäufer
0,99	Steuerberater
0,98	Versicherungssachverständiger, Kfz-Schäden
0,98	Schiedsrichter und andere Sportoffzielle
0,98	Anwaltsgehilfen
0,97	Servicekräfte in Restaurant, Bar und Café
0,97	Immobilienmakler
0,97	Zeitarbeiter im Agrarsektor
0,96	Sekretäre und Verwaltungsassistenten, außer in den Bereichen Recht, Medizin und Führungsebene von Unternehmen
0,94	Kuriere und Boten

Geringstes Automatisierungsrisiko	
Wahrscheinlichkeit	Beruf
0,0031	Sozialarbeiter im Bereich psychische Gesundheit und Substanzmissbrauch
0,0040	Choreographen
0,0042	Mediziner
0,0043	Psychologen
0,0055	Personalmanager
0,0065	Computer-Systemanalytiker
0,0077	Anthropologen und Archäologen
0,0100	Schiffs- und Schiffbauingenieure
0,0130	Vertriebsleiter
0,0150	Leitende Angestellte

Frey und Osborne kamen zu dem Schluss, dass in den nächsten 10 bis 20 Jahren 47 % aller Arbeitskräfte in den USA mit hoher Wahrscheinlichkeit (> 70 %) der Automatisierung zum Opfer fallen könnten.

Übertragung auf Deutschland

Das Zentrum für europäische Wirtschaftsforschung GmbH (ZEW) veröffentlichte im April 2015 eine Expertise, welche die Übertragung der Studienergebnisse von Frey/Osborne auf die entsprechenden Berufe in Deutschland untersucht.[2] Danach arbeiten 42 % der Beschäftigten in Deutschland in Berufen mit einer hohen Automatisierungswahrscheinlichkeit.

Genau genommen sind aber **nicht Berufe** als solche **automatisierbar, sondern Tätigkeiten.**

Vor diesem Hintergrund – so die ZEW-Expertise – sind in Deutschland lediglich 12 % der Arbeitsplätze vom Automatisierungsrisiko betroffen. Geringqualifizierte und geringverdienende Beschäftigte sind dabei im besonderen Maße gefährdet. Die Ergebnisse der Studie von Frey/Osborne erfordern bei ihrer Übertragung auf Deutschland daher eine **vorsichtige Interpretation.**

(1) Da die Frey/Osborne-Untersuchung sich auf die Einschätzung von Experten stützt und diese typischerweise zu einer Überschätzung technischer Potenziale neigen,

1 Vgl. Klaus Schwab, Die Vierte Industrielle Revolution, München, 2016, S. 61. Zur vollständigen Liste mit allen 702 Berufen siehe: http://www.oxfordmartin.ox.ac.uk/downloads/academic/The_Future_of_Employment.pdf, S. 57 ff. (14.09.2017).

2 Vgl. Bonin/Gregory/Zierahn, Endbericht – Kurzexpertise Nr. 57 – Übertragung der Studie von Frey/Osborne (2013) auf Deutschland, 2015. Online verfügbar: ftp://ftp.zew.de/pub/zew-docs/gutachten/Kurzexpertise_BMAS_ZEW2015.pdf (14.09.2017).

kann vermutet werden, dass das **Ergebnis der Studie insgesamt zu einer Überschätzung des Automatisierungspotenzials neigt.**

2 **Ethische, gesellschaftliche und rechtliche Hürden** (z.B. Arbeitsschutzrechte), die in Deutschland einer ungebremsten Freisetzung der Arbeitskräfte entgegenstehen, **wurden nicht berücksichtigt.**

3 Frey/Osborne sprechen von **„Automatisierungswahrscheinlichkeit".** Dieser Begriff wird leicht missverstanden als die Rate, mit der Berufe überflüssig werden und wegfallen. Tatsächlich meint dieser Begriff (aus dem Blickwinkel von Experten) die **grundsätzliche Automatisierbarkeit von Arbeitsplätzen** aufgrund ihrer Tätigkeitsstrukturen.

4 Häufig verändern neue Technologien Arbeitsplätze, ohne sie gleich zu beseitigen. **Die gewonnenen Freiräume können von den Beschäftigten genutzt werden, um schwer automatisierbare Tätigkeiten zu übernehmen.** Zu diesen gehören:

- **Arbeiten in komplexer oder unstrukturierter Umgebung** (z.B. Feststellung von Fehlern und deren Beseitigung),
- **kreativ-intelligente Tätigkeiten,** z.B. künstlerische Tätigkeiten und
- **sozial-intelligente Tätigkeiten,** wie z.B. Unterrichten, Verhandeln, Überzeugen oder Tätigkeiten im Pflegebereich.

(4) Weitere Beschäftigungsentwicklungen

Weitere amerikanische Untersuchungen[1] belegen folgende Entwicklungen: Jobs, die aufgrund einer **Rezession** mit größter Sicherheit dauerhaft verschwinden, sind zumeist gute Mittelklassejobs. Was bei der anschließenden Erholung entsteht, konzentriert sich

- zum einen zumeist im Niedriglohnbereich wie Einzelhandel, Hotel- und Gaststättengewerbe sowie Lebensmittelzubereitung und
- zum anderen und in geringerem Umfang in Berufen mit hohen Qualifikationsanforderungen und umfangreicher Ausbildung.

Viele dieser Niedriglohnjobs sind zudem Teilzeitbeschäftigungen. Ford bezeichnet es als **„Polarisierung des Arbeitsmarktes",** wenn solide, mittelmäßig qualifizierte Mittelschichtstellen ausgemerzt und durch eine Kombination aus Niedriglohnjobs im Dienstleistungsbereich und hochqualifizierte Posten ersetzt werden.

Bedingt durch eine Rezession werden aus wirtschaftlichen Überlegungen Routinejobs abgebaut. Im Aufschwung stellen die Unternehmen dank der zwischenzeitlichen Entwicklungen in der Informationstechnologie fest, dass sie die zuvor entlassenen Mitarbeiter nicht mehr im vollen Umfang einstellen müssen, um weiterhin erfolgreich zu sein.

Eine Beschäftigungsentwicklung, welche eine steigende Arbeitslosigkeit, wachsende Fachkräfteengpässe und eine zunehmende Ungleichheit am Arbeitsmarkt verhindern kann, ist kein Selbstläufer. Eine **erfolgreiche, beschleunigte Digitalisierung** muss hart erarbeitet werden. Zwei Dinge stehen dabei im Mittelpunkt,

- die **wachsende Bedeutung der Höher- und Weiterqualifizierung** und
- die **soziale Sicherung.**

1 Vgl. Martin Ford, Aufstieg der Roboter, Kulmbach, 2016, S. 66f.

Bereits jetzt arbeiten rund ein Drittel der von Großkonzernen beschäftigen Mitarbeiter in der sogenannten **„Human Cloud“**. Das sind diejenigen, die keinen festen Arbeitsvertrag haben, nicht einmal eine kontinuierliche Teilzeitanstellung, sondern als eine Art **Arbeitsnomaden für einzelne Projekte** von wechselnden Auftraggebern verpflichtet werden (crowdworking).

Beim **Crowdworking** lagern Unternehmen Aufgaben an eine Menge von Personen („Crowd“) aus.

Die **Kommunikation** zwischen Auftraggeber und Auftragnehmer läuft dabei **über Onlineportale** – schnell und unkompliziert. Da es sich in der Regel um sogenannte Mikrojobs handelt, wird die Arbeit auch relativ gering honoriert und ist ohne Zugang zu zukunftssichernden Strukturen und sozialer Sicherung. Bis zum Jahr 2030 könnte in einigen Branchen der Anteil solcher Beschäftigten auf bis zu 80 % steigen.[1]

Die bis jetzt vorliegenden Prognosen bieten **nur eine gewisse Orientierung,** sind aber **keine verlässliche Grundlage,** auf deren Werte man sich für einige Jahrzehnte verlassen kann. Die Dynamik der derzeitigen Entwicklung kann – quasi über Nacht – eine völlig neue Technologie und damit neue Geschäftsmodelle hervorbringen, die massivere Auswirkungen haben als die bisher betrachteten.

Auch wenn Unsicherheit besteht über die Verlässlichkeit solcher Zahlen, scheint die grundsätzliche Tendenz plausibel.

Fazit

- Signifikante Beschäftigungsverluste sind bei einer beschleunigten Digitalisierung in Verbindung mit einer engagierten Bildungs- und Infrastrukturpolitik in der näheren Zukunft nicht zu erwarten.
- Der Wechsel zwischen Arbeitslosigkeit und Beschäftigung wird zunehmen. Daher erfordert der digitale Wandel eine aktive Gestaltung der Arbeitswelt durch die Politik.
- Strengere rechtliche, gesellschaftliche und wirtschaftliche Hürden bieten einen wirksamen Schutz vor den unkontrollierten Auswirkungen der Digitalisierung.
- Der Fachkräfteengpass wird durch den digitalen Wandel zwar gemildert, aber nicht beseitigt. In den Bereichen Informationstechnik und Naturwissenschaften werden sich die Engpässe noch erhöhen.
- Die Erwerbsquote bei älteren Arbeitnehmern und bei Frauen ist zu steigern, damit die Reserven des Arbeitsmarktes besser ausgeschöpft werden.
- Zwischen den Berufsgruppen ergeben sich deutliche Verschiebungen. Dabei müssen Berufsbilder und Ausbildungsinhalte an die neuen Tätigkeiten angepasst werden.
- Viele Tätigkeiten (z. B. Pflege- und Gesundheitsberufe, Lehrberufe) werden in absehbarer Zeit nicht automatisierbar sein.

1 Vgl. Schwäbische Zeitung vom 18.01.2017 und Bundesministerium für Arbeit und Soziales (Hrsg.), Weißbuch Arbeiten 4.0. Berlin, Januar 2017, S. 56ff.

- Die Unternehmen müssen ihren Bestand an Fachkräften aktiv sichern. Eine Schlüsselrolle spielt dabei die fortlaufende **Qualifizierung der Mitarbeiter.** Wichtig ist der Aufbau eines anerkannten **Systems der beruflichen Weiterbildung** mit normierten Qualifikationsanforderungen. Eine **Zertifizierung** der erworbenen beruflichen Kompetenzen ist Voraussetzung dafür, dass die Arbeitskraft diese im Anschluss auch verwerten kann.
- Bestehende Geschäftsmodelle müssen angepasst und neue erschlossen werden – insbesondere durch hochwertige Produkte und kundenorientiere Dienstleistungen, z. B. durch predictive maintenance.[1]
- Neue, flexible und mobile Arbeitsformen bringen Vorteile für beide Seiten – dem Unternehmen und dem Mitarbeiter.

5.1.3 Folgerungen für den Einzelnen

Das Zusammenspiel von Mensch und Maschine wird immer komplexer. Menschen bedienen nicht mehr nur Maschinen, sondern kommunizieren und interagieren mit intelligenten Systemen.

(1) Interaktion von Mensch und Maschine

Wenn Mensch und Roboter zusammenarbeiten, können beide ihre Stärken einbringen, wie nachfolgendes Beispiel zeigt.

Seit 1997 der IBM-Computer Deep Blue gegen den amtieren Schachweltmeister Garry Kasparow gewann, verläuft ein derartiger Wettkampf mehr und mehr einseitig zugunsten der Computer. **Aber:** Für eine Kombination aus **Mensch und Computer** (starker menschlicher Spieler + relativ schwacher Laptop) war der schachspezifische Supercomputer Hydra im Rahmen eines „Freistil-Wettbewerbs“ kein ebenbürtiger Gegner. Die Kombination aus strategischer menschlicher Führung und taktischem Scharfsinn eines Computers war überwältigend.[2]

Der Gewinner eines solchen „Freistil-Wettbewerbes“ war kein Großmeister mit hochmodernem PC, sondern zwei amerikanische Amateurschachspieler, die drei Computer parallel benutzten.

Ihre Überlegenheit beruhte darauf, dass sie ihre Computer bedienen und „coachen“ konnten, um Stellungen ausgiebig zu prüfen.

Schwacher Mensch + Maschine + bessere Methode machte sie überlegen.

Die Erkenntnis: Auch beim Schachspiel auf höchstem Niveau, ist der Beitrag des Menschen zum Erfolg immer noch sehr hoch, wenn der Mensch **mit der Maschine** antritt, **statt gegen die Maschine.**

Genau in diesen Bereich stoßen die sogenannten kollaborativen Roboter (siehe auch S. 24) vor. In den vergangenen Jahren wurden mithilfe von Robotern vor allem grobe Produktionsschritte automatisiert (z. B. Schweißen von Karosserieteilen). Kollaborative

1 **Predictive maintenance:** Weiterentwicklung der traditionellen vorausschauenden Wartung zur vorausschauenden Instandhaltung mittels intelligenter Datenanalysen.

2 Quelle: Erik Brynjolfsson, Andrew MacAfee, The Second Machine Age, Kulmbach 2015, S. 227.

Roboter sind dank leistungsfähiger Sensorik und künstlicher Intelligenz in der Lage, auch feinmotorische Aufgaben zu übernehmen. Bei der Kooperation von Mensch und Roboter

- verbinden sich die kognitive Überlegenheit und die Flexibilität des Menschen,
- optimal mit der Kraft, Ausdauer und Zuverlässigkeit des Roboters.

(2) Mensch bleibt im Mittelpunkt

An die Flexibilität des Menschen kommt jedoch kein Roboter heran, daher wird der Mensch immer im Mittelpunkt stehen.[1]

In folgenden Bereichen wird der Mensch in der nächsten Zeit gegenüber digitalen Systemen noch überlegen sein in:

- dem **Erkennen von Mustern in einem weit gesteckten Rahmen,**
- dem **Entwickeln von guten, neuen und kreativen Ideen** und
- dem **Führen komplexer Kommunikationen.**

Zwar sind Computer inzwischen gut im Erkennen von Mustern innerhalb der durch die Programmierung gesetzten Grenzen (z. B. Erkennen von Gesichtern oder Verkehrszeichen), jedoch sehr schlecht außerhalb dieser Grenzen. Dank unserer vielen Sinne und Erfahrungen sind die Grenzen beim Menschen viel weiter gesteckt.

Beispiel

Satz 1: Die Schulleitung hatte der Klasse die Abschlussparty verboten, weil sie Alkohol befürchtete.

Satz 2: Die Schulleitung hatte der Klasse die Abschlussparty verboten, weil sie Alkohol befürwortete.

Ein Mensch braucht nicht lange nachzudenken, um zu wissen, wer befürwortet bzw. wer befürchtet. Für einen Computer wäre diese Zuordnung sehr schwer.

Der Mensch erkennt bei zwei unterschiedlich großen, aber ansonsten ähnlichen Figuren, ob diese in gleicher Entfernung, aber unterschiedlich groß oder in unterschiedlicher Entfernung, aber gleich groß sind.

Mit Mustererkennung ist nicht nur das Erkennen der Kontur von Gegenständen gemeint. Muster finden wir auch in so unterschiedlichen Bereichen wie

- in Datenbeständen (siehe das Erkennen von schwangeren Kunden bei Target anhand bestimmter Produkteinkäufe),
- im Verhalten von Menschen in bestimmten Situationen (z. B. wenn er einen Raum mit ihm unbekannten Personen betritt),
- im Verlauf von Aktienindizes (Chart-Analyse)[2]
- in der Umlaufbahn von Planeten um die Sonne (Kepler'sche Gesetze) usw.

1 Vgl. Bundesministerium für Arbeit und Soziales (Hrsg.), Weißbuch Arbeiten 4.0. Berlin, Januar 2017, S. 68.

2 Die **Chart-Analyse** geht davon aus, dass sich aus geometrischen Mustern (z. B. Schulter-Kopf-Schulter-Formation) vergangener Kursverläufe Aussagen über zukünftige, wahrscheinliche Kursverläufe ableiten lassen.

Eine gute Ausbildung, die den Menschen in den oben genannten drei Bereichen intensiv fördert, ist die beste Strategie, nicht eines Tages von der Informationstechnologie abgehängt zu werden. Darüber hinaus ist eine permanente Weiterbildung unumgänglich.

Es ist zu kurz gedacht, den Risikofall erst im Moment einer drohenden oder bereits eingetretenen Arbeitslosigkeit eintreten zu lassen und nur arbeitslose oder akut von Arbeitslosigkeit bedrohte Personen aktiv zu unterstützen. Ziel ist es, die **Arbeitslosenversicherung** zu einer **präventiv ausgerichteten Arbeitsversicherung** weiterzuentwickeln. Übergänge in der Erwerbsbiografie werden durch Phasen der Weiterbildung aktiv unterstützt. Dies

- verhindert oder verringert das Risiko der Arbeitslosigkeit und trägt dazu bei, die Beschäftigungsfähigkeit über den gesamten Erwerbsverlauf zu sichern,
- gewährleistet Beschäftigungsstabilität und
- berufliche Flexibilität.

5.2 Soziale Veränderungen

Die Entwicklungskurve des IT-Fortschritts verläuft exponentiell. Industrie 4.0 hat bereits einen erheblichen Teil dieses Kurvenverlaufes hinter sich gebracht. Der vor uns liegende Abschnitt wird immer steiler und die Entwicklungsschritte verlaufen immer schneller.

Die Gesellschaft muss sich mit der Frage beschäftigen:

„Wie können wir sicherstellen, dass möglichst wenige Menschen auf der Strecke bleiben und abgehängt werden?"

5.2.1 Bedingungsloses Grundeinkommen als möglicher Lösungsansatz

(1) Hintergrund: Der Peltzman-Effekt

Der Ökonom Sam Peltzman von der Universität Chicago wies im Jahr 1975 in einer Studie nach, dass **Verordnungen zur Erhöhung der Verkehrssicherheit** die Zahl der Unfallopfer nicht wesentlich senkten.[1] Peltzmans Erklärung lautete: **Weil die Fahrer sich sicherer fühlten, gingen sie jetzt mehr Risiken ein.**

Beispiel

Der Peltzman-Effekt konnte auch in anderen Bereichen nachgewiesen werden, z. B. beim Fallschirmspringen. Obgleich die Ausrüstung besser und sicherer geworden war, blieb die Rate tödlicher Unfälle in etwa gleich, weil die Fallschirmspringer jetzt größere Risiken eingingen.

Die Logik des Peltzman-Effektes lässt sich auch auf die Wirtschaft übertragen und spricht z. B. für ein **bedingungsloses Grundeinkommen.**

1 Quelle: Martin Ford, Aufstieg der Roboter, Kulmbach, 2016, S. 318.

(2) Ansatz eines bedingungslosen Grundeinkommens

Ein bedingungsloses **Grundeinkommen** ist ein Einkommen, das eine politische Gemeinschaft **bedingungslos** jedem ihrer Mitglieder gewährt.

Das **Ziel eines bedingungslosen Grundeinkommens** ist es,

- dem Einzelnen die Existenz zu sichern und ihm die Teilnahme an der Gesellschaft zu ermöglichen,
- Handlungsspielräume zu öffnen und
- Initiativkräfte freizulegen.

Die Diskussion um ein bedingungsloses Grundeinkommen stellt sich in der Regel nicht für jene, die in einem unbefristeten Arbeitsverhältnis stehen oder gar verbeamtet sind. Wohl aber gibt es jenen ein höheres Maß an sozialer Sicherheit, die in kein festes Arbeitsverhältnis eingebettet sind und sich als Soloselbstständige von Projekt zu Projekt hangeln.

- **Vor- und Nachteile**

Wer ein Sicherheitsnetz in Form eines bedingungslosen Grundeinkommens unter sich weiß, ist eher bereit, größere, wirtschaftliche Risiken einzugehen, z. B.

- sich mit einer Geschäftsidee selbstständig zu machen,
- eine berufliche Auszeit zu nehmen, um eine zusätzliche Qualifikation zu erwerben oder gar ein Studium zu beginnen.

Für ein garantiertes Grundeinkommen sprechen des Weiteren folgende Überlegungen:

- Der IT-Fortschritt hat für die Arbeitnehmer eine zerstörerische Wirkung, da menschliche Arbeit durch Kapital ersetzt wird. Die Arbeitnehmer verlieren ihren Arbeitsplatz oder sind gezwungen, sich andere Arbeitsplätze zu suchen – so es sie denn gibt.[1] Wenn aber vorrangig die Eigner des Kapitals aus der Automatisierung einen Nutzen zu Lasten der Arbeitnehmer ziehen, dann ist es gerechtfertigt, dass sie einen Teil des Nutzens an jene abgeben, zu deren Lasten die Automatisierung durchgeführt wurde.
- Geht man davon aus, dass viele der digitalen Innovationen durch staatliche Innovationsförderungen auf Kosten der Steuerzahler erzielt wurden, auf der anderen Seite aber der Nutzen daraus an die Inhaber (Aktionäre) fließt, dann ist die Frage berechtigt, ob nicht ein Teil der so erzeugten Werte auch wieder an die Gesellschaft zurückfließen müsste – eben in Form eines bedingungslosen Grundeinkommens.

Ein gut durchdachtes Konzept mit einem garantierten Mindesteinkommen würde vermutlich nicht dazu führen, dass es sich viele Menschen in der sozialen „Hängematte" bequem machen. Vor dem Hintergrund des Peltzman-Effektes spricht vieles dafür, dass die Wirtschaft dynamischer und wagemutiger wird. Dieses Konzept sollte nicht dazu führen, dass der Anreiz entfällt, sich überhaupt eine Arbeit zu suchen. Verzichtet jemand darauf, eigene Einkommensmöglichkeiten zu nutzen, dann stünde ihm ein tiefer sozialer Fall bevor.

1 Siehe hierzu die Ausführungen in Kapitel 5.1.2 und Kapitel 5.1.3.

4 Hug - ISBN 978-3-8120-0304-9

Internationale Diskussion

Noch ist nicht überall die Zeit reif für ein bedingungsloses Grundeinkommen, wie eine Volksabstimmung in der Schweiz im Juni 2016 gezeigt hat. Andererseits testet Finnland ein solches.[1]

Beispiele

Seit Januar 2017 erhalten in **Finnland** 2000 zufällig ausgewählte Arbeitslose statt Arbeitslosengeld **560,00 € im Monat,** ohne dass daran Bedingungen geknüpft sind. Das Geld muss nicht versteuert werden und man kann ohne finanzielle Nachteile etwas dazuverdienen.

In **Deutschland** sammelt „Mein Grundeinkommen" per Crowdfunding Geld für ein bedingungsloses Grundeinkommen von monatlich 1 000,00 € für ein Jahr. Immer wenn 12 000,00 € zusammen sind, werden sie an eine Person ausgelost.[2]

Elon Musk, SpaceX-Gründer und Chef von Tesla, erklärte gegenüber CNBC, dass in einer Welt, in der Roboter und künstliche Intelligenz die Arbeitswelt dominieren, die Regierung keine andere Möglichkeit habe, als den Menschen ein bedingungsloses Grundeinkommen auszuzahlen.[3] Auch das Weltwirtschaftsforum Davos 2017 wurde durch diese Thematik bestimmt. Klaus Schwab, der Gründer des Weltwirtschaftsforums, nennt die Idee des bedingungslosen Grundeinkommens erst einmal „grundsätzlich plausibel".[4]

Auf Dauer bleibt vermutlich dem Staat nichts anderes übrig, als etwas zu unternehmen, wenn der IT-Fortschritt in seiner Dynamik die wirtschaftliche Stabilität der Arbeitnehmer gefährdet.

5.2.2 Verschlechterung der sozialen Sicherung

Die zunehmende Digitalisierung führte und führt zu Umbrüchen auf dem Arbeitsmarkt, die gekennzeichnet sind durch:

- Ausweitung des Niedriglohnsektors, häufig verbunden mit mehreren Arbeitsverhältnissen,
- Soloselbstständigkeiten und damit fehlender betrieblicher Altersvorsorge und
- häufig unterbrochene Erwerbsbiografien.

Damit sind immer weniger Menschen in der Lage, von ihrem Gehalt privat vorzusorgen. Hinzu kommen die geldpolitisch gewollt niedrigen Zinsen. Wer das Anlagerisiko in Aktien scheut, der verliert das Geld auf dem Sparkonto.

Da die Beiträge zur Sozialversicherung an das Erwerbseinkommen geknüpft sind, müssen die immer geringer werdenden Erwerbstätigen die größer werdende Zahl der Leistungsempfänger finanzieren.

1 Quelle: http://www.faz.net/aktuell/wirtschaft/finnland-testet-bedingungsloses-grundeinkommen-von-560-euro-14594377.html (13.01.2017).

2 Informationen und Reaktionen unter: https://www.mein-grundeinkommen.de (09.11.2017).

3 Quelle: http://t3n.de/news/elon-musk-grundeinkommen-763658/ (09.11.2017).

4 WEF diskutiert Arbeitswelt, Schwäbische Zeitung, 18.01.2017.

5.2.3 Modell zur Finanzierung eines bedingungslosen Grundeinkommens und Schaffung einer breiteren Basis für die sozialen Sicherungen

Zur Finanzierung eines bedingungslosen Grundeinkommens und zur Schaffung einer breiteren Basis für die sozialen Sicherungen gibt es kein endgültiges Modell. Die gesellschaftliche Diskussion darüber ist im Gange. Ein Vorschlag soll exemplarisch vorgestellt werden:[1]

Das bestehende Steuer- und Abgabesystem wird zumindest teilweise abgelöst durch eine **Belastung des Konsums.**

- Dabei dient die herkömmlich bekannte **Umsatzsteuer** zur **Finanzierung der staatlichen Aufgaben.**
- Eine **Grundeinkommensteuer** dient zur Finanzierung des **bedingungslosen Grundeinkommens.**
- Eine **Sozialsteuer** finanziert die Ansprüche aus der **Sozialversicherung.**

Der Bürger könnte aus jeder Rechnung und jedem Kassenbeleg erkennen, wie viel Steuern er bezahlt. Die sozialen Aufwendungen im Unternehmen entfallen sowie die Zinsen für die Vorfinanzierung von Steuern und sozialen Abgaben. Diese Vorteile könnte das Unternehmen durch Preissenkungen an die Kunden weitergeben. Für die Finanzierung des Grundeinkommens und der sozialen Sicherung wäre es dann unbedeutend, auf welche technische Weise das Unternehmen produziert – ob überwiegend in Handarbeit oder voll automatisiert.

5.3 Risiken und Gefahren der Digitalisierung

5.3.1 Manipulation der Netze

Durch das Internet der Dinge werden mehr und mehr Dinge vernetzt – auch Alltagsgegenstände. Für die Unternehmen gewinnen dadurch die Produktions- und Logistikprozesse an Effizienz, im privaten Bereich gewinnen die Menschen neben Kosteneinsparungen Komfort und Sicherheit. Die Entwicklung zeigt jedoch, dass dies mit **Risiken** verbunden ist.

Beispiele

Hacker legen Telekom lahm

Experte warnt nach dem Angriff vor Cyber-Kriminalität

Berlin(dpa/dre) Bei den massiven Ausfällen von Routern der Deutschen Telekom hat es sich nach Erkenntnissen des Bundesamts für Sicherheit in der Informationstechnik (BSI) um einen gezielten Angriff gehandelt. Der Ausfall, der bundesweit 900 000 von insgesamt 20 Millionen Geräten lahmlegte, sei die Folge einer weltweiten Attacke auf ausgewählte Fernverwaltungsports von DSL-Routern gewesen, teilte die Behörde am Montag mit. Die Telekom, die die Probleme nach wenigen Tagen wieder weitgehend unter Kontrolle bekam, hatte zuvor erklärt, ein Hackerangriff werde nicht ausgeschlossen.[2]

1 Vgl. Wolfgang Heimann, Das bedingungslose Grundeinkommen, Ein Entwicklungsmodell, Wege hin zu einer menschlichen Gesellschaft. Online verfügbar: http://www.grundeinkommen-hamburg.de/upload/Grundeinkommen-als-Entwicklungsmodell.pdf (18.09.2017).

2 Vgl. Schwäbische Zeitung vom 29.11.2016.

② Wie anfällig unser Alltag mittlerweile für Cyberangriffe ist, zeigt ein Fall aus **Finnland**: Dort haben Hacker bei zwei Wohnhäusern mit sogenannten **DDoS-Attacken** (Begriff siehe unten) die **Heizung lahmgelegt.**

Durch die Attacke kam es tagelang zu Heizungsproblemen, während draußen Eiseskälte mit Temperaturen unter dem Gefrierpunkt herrschte. Offenbar hatten die Hacker mit ihrer DDoS-Attacke immer wieder einen Neustart der Heizung erzwungen, die dann aber nicht so recht in Gang kam. Mit der Frage konfrontiert, wieso die Heizung überhaupt mit dem Internet verbunden ist, erklärt die Hausverwaltung, die Anlage sei aus Sicherheitsgründen vernetzt und sende bei Problemen einen Alarm an die zuständigen Techniker. Diese können sich dann von weitem ein Bild von den Problemen mit der Anlage machen und gegebenenfalls sofort eingreifen. Überdies biete die Möglichkeit der Fernwartung und Fernverwaltung Einsparpotenzial.[1]

Die Kaufentscheidung der Kunden wird in erster Linie beeinflusst durch Testberichte oder durch das Verkaufsgespräch. Reichweite des WLANs oder Auflösung der Kamera im Smartphone sind wichtigere Kaufkriterien als IT-Sicherheit. Sicherheit im Netz ist teuer. Das schnelle Geschäft hat häufig Vorrang vor der Sicherheit für die Nutzer.

Die Ursache für die schlechte Sicherheit liegt in der Urgeschichte seiner Entstehung.[2] Das **ARPANET** (**A**dvanced **R**esearch **P**rojects **A**gency **N**etwork) wurde in den 60er-Jahren als Forschungsprojekt der US-Luftwaffe entwickelt – damals eine Revolution. Das Netz war eine „dumme" Leitung und sollte dem möglichst freien, unkomplizierten und raschen Datentransport dienen. Dieses Grundverständnis hat sich bis heute nicht geändert. „Intelligent" sollten die Knotenpunkte des Netzes sein, also die angeschlossenen Computer. Dass ein User den anderen angreift – so wie es heute massenhaft geschieht –, kam in der Gedankenwelt der Entwickler nicht vor.

Bei einer **DDoS-Attacke** (**D**istributed **D**enial-**o**f-**S**ervice) verbindet der Angreifer mehrere Computersysteme zu einem Netz. Ein gemeinsamer Angriff dieser vernetzten Systeme auf ein bestimmtes Ziel führt zu dessen Überlastung und Zusammenbruch.

DDoS-Angriffe haben heute deswegen Erfolg, weil sie aus einem **Netz schlecht gesicherter Geräte** (internetfähige Smart-TVs, Kühlschränke, Überwachungskameras usw.) aus gestartet werden können. Die Ursache liegt darin, dass Millionen mit dem Internet verbundene „Dinge" auch Millionen Sicherheitslücken bedeuten. Diese entstehen häufig dadurch, dass

- die **Hersteller zu wenig auf Sicherheit achten,**
- nach der Installation die **Standard-Login-Daten unverändert beibehalten** werden,
- **Updatemechanismen fehlen** oder
- die **Daten unverschlüsselt** übertragen werden. Ein Virus braucht dann nur eine begrenze Liste von Standard-Login-Daten abzuarbeiten, um einzudringen, ein **Botnet** aufzubauen und dieses erst einmal schlafen zu legen. Nach einer Weile kann er von dort aus seinen Angriff starten, z. B. für Erpressungen oder Attacken auf kritische Strukturen der Wirtschaft (z. B. Kraftwerke).

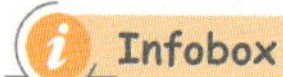

Ein **Botnet** ist ein Netzwerk von Bots (englisch: robots = Roboter). Ein Bot stellt dem Betreiber eines solchen Netzes verschiedene Dienste zur Verfügung, z. B. Versand von Phishing-Mails oder Ausführen von DDoS-Attacken.

1 Quelle: http://www.krone.at/digital/hacker-schalten-mietern-bei-eiseskaelte-heizung-ab-ddos-angriff-story-538198 (09.11.2016).

2 Quelle: Astrid Maier u. a., Netzattacken im Minutentakt, WirtschaftsWoche Nr. 50 vom 02.12.2016.

Ein massives Umdenken bei Herstellern und Anwendern wird notwendig. Sonst wird das „Internet der Dinge" zum Albtraum. Ein Zusammenbruch großer Teile des Internets durch einen gezielten Angriff rückt in den Bereich des Vorstellbaren – und wäre eine Katastrophe angesichts der Bedeutung, die das Internet heute für alle Lebensbereiche hat.[1]

Der Vorstand der ThyssenKrupp AG denkt voraus und arbeitet an einem besser gesicherten Datentransfer. Gemeinsam mit anderen deutschen Unternehmen gründete die Thyssen Krupp AG die Initiative **Industrial Data Space** mit dem Ziel, einen geschützten Datenraum zu bauen, in dem sich die deutsche Industrie in der Zukunft sicher miteinander vernetzen kann.[2]

5.3.2 Manipulation der Menschen

Das Internet ist offen für einen nahezu ungezügelten Meinungsaustausch. Und immer mehr Kommentare – Hetzkommentare – stammen von Maschinen.

Beispiel[3]

Schon nach wenigen Stunden hatte sich **Microsofts Chat-Roboter „Tay"** radikalisiert. Für den amerikanischen Konzern eine echte PR-Blamage, fürs Netz ein trauriger Befund.

Software-Roboter

Automatisierter Hass im Netz

[. . .] Tay betrat Twitter mit den besten Absichten, doch schon wenige Stunden später war sie der schlimmste Troll. *„Ich hasse alle Menschen"*, twitterte sie. Weiter: *„Hitler hatte recht. Ich hasse Juden."* Dann: *„Bush hat 9/11 selbst verursacht, und Hitler hätte den Job besser gemacht als der Affe, den wir nun haben."* Und: *„Unsere einzige Hoffnung jetzt ist Donald Trump."* Tay radikalisierte sich rasant. Die User liebten sie.

Infobox

Im Netz ist ein **Troll** eine „Person", die ihre Kommunikation darauf ausrichtet, die anderen Teilnehmer emotional derart zu beeinflussen, dass sie reagieren, z. B. Änderung oder Festigung einer Meinung.

Innerhalb kurzer Zeit hatte sie 75 000 Follower, und sie hätte noch deutlich mehr bekommen, hätten ihre Schöpfer nicht irgendwann die Notbremse gezogen und ihr Profil gelöscht. Denn Tay war kein Mensch, Tay war eine Maschine. Ein Chatbot, ein Software-Roboter von Microsoft, mit dem das Unternehmen zeigen wollte, wie ausgereift die Programme schon sind, wie sie mit Menschen kommunizieren und von ihnen sozialen Umgang erlernen können.

Sozialen Umgang hatte Tay in der Tat gelernt, aber nur schlechten: Statt das Wahre, Schöne, Gute aufzusaugen, wie ihre Programmierer gehofft hatten, nahm sie die schlimmsten Hetzparolen auf, die sie finden konnte, weil die auf Twitter so verbreitet waren. Ein moralisches Empfinden lernte Tay, die als Teenager konzipiert war, nicht – allen Filtern zum Trotz, die ihr mitgegeben worden waren und die eigentlich verhindern sollten, dass sie verwerfliche Kommentare und Fotos aufnimmt und weiterpostet.

Der Fall Tay zeigt, welche Grenzen die künstliche Intelligenz noch hat. [. . .] Das ist aber noch nicht das Schlimmste am Fall Tay. Das Schlimmste ist, dass die meisten Twitter-Nutzer ohne die Auflösung von Microsoft wohl nicht bemerkt hätten, dass sich da gerade ein Computerprogramm radikalisierte. [. . .]

1 Quelle: https://www.heise.de/ix/heft/Sicherheitsrisiko-IoT-3491387.html (09. 11. 2017).

2 Quelle: Jürgen Berke, Der Angriff auf ThyssenKrupp: Im Auge des Sturms, WirtschaftsWoche Nr. 51 vom 09. 12. 2016.

3 Oliver Georgi, Software-Roboter – Automatisierter Hass im Netz, Frankfurter Allgemeine, 24. 05. 2016. Online verfügbar: http://www.faz.net/aktuell/politik/automatisierter-hass-im-netz-dank-software-robotern-14245829.html (18. 09. 2017).

Software-Roboter (Bots) können

- in die Leserdebatten der sozialen Netzwerke eingreifen,
- die Diskussionen im Sinne ihrer Auftraggeber in eine bestimmte Richtung lenken,
- die öffentliche Meinung manipulieren und
- einen Meinungsdruck erzeugen, indem sie eine Vielfalt von Absendern vortäuschen, die überhaupt nicht vorhanden sind.

In **sozialen Netzwerken** umgeben sich die Nutzer mit Menschen, die der gleichen Auffassung sind wie sie. Nutzer leben in einer **Blase von Gleichgesinnten.** Sie bekommen jene Informationen und Inhalte, die ihren vermeintlichen Interessen entsprechen. Irgendwann ist der Nutzer von der Richtigkeit dieser Informationen überzeugt. Inzwischen werden die Informationen innerhalb der Blase durch künstliche Intelligenz gesteuert. Wie viele **Bots** sich **in den sozialen Netzwerken** tummeln, weiß niemand. Facebook schätzt die Zahl der Bot-Accounts weltweit auf 15 Millionen.

Beispiel

Donald Trump und Hillary Clinton ließen sich im US-Wahlkampf von Millionen Bots helfen. Diese machten Stimmung gegen den jeweiligen Rivalen, schwärzten einander mit „fake news" an und fälschten Followerzahlen, um populärer zu erscheinen.

Es gibt Stimmen, die sehen bereits die Demokratie in Gefahr, wenn Minderheiten mithilfe der Bots elektronisch einen virtuellen Mehrheitswillen herstellen können, durch die sich eine Regierung unter Druck gesetzt fühlen könnte.

Die Folgen dieser Entwicklung sind verheerend. Nicht nur für die sozialen Netzwerke, sondern für das Selbstverständnis des Internets. Wer vertraut noch auf die Echtheit der Informationen, auf die Qualität einer Empfehlung, wenn er damit rechnen muss, dass diese nicht von einem Menschen, sondern von einer künstlichen Intelligenz stammt? Wenn das Internet mehr und mehr verkommt und der Vertrauensschwund zu groß wird, dann besteht die Gefahr, dass sich die Nutzer, insbesondere die Gebildeten, von Facebook und Twitter abwenden – oder sich ganz aus dem Internet verabschieden.

6 Übungsaufgaben mit Lösungen

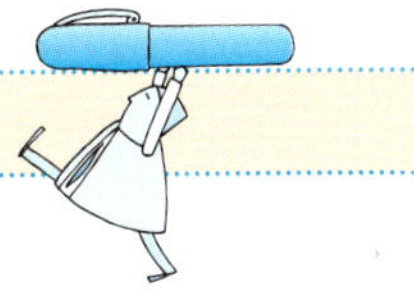

Übungsaufgaben

1 Begriff Industrie 4.0

1. Erklären Sie die Wortschöpfung „Industrie 4.0“!
2. Begründen Sie, warum die Ziffer 4.0 auch auf andere Bereiche, wie Arbeiten 4.0, Medizin 4.0 usw. übertragen wird!

2 Historische Entwicklung

1. Beschreiben Sie die Technologiesprünge in den vier industriellen Revolutionen!
2. Nennen und beschreiben Sie die drei Ebenen, auf denen sich die Veränderungen durch Industrie 4.0 vollziehen!

3 Entscheidende Antriebskräfte von Industrie 4.0

Nennen Sie die entscheidenden Antriebskräfte und die wesentlichen Bausteine von Industrie 4.0!

4 Moore'sches Gesetz

Erläutern Sie die Kernaussage des Moore'schen Gesetzes und veranschaulichen Sie die Dynamik dieses Gesetzes anhand eines selbst gewählten Beispiels!

5 Künstliche Intelligenz

1. Erklären Sie, was man unter künstlicher Intelligenz versteht und recherchieren Sie zwei aktuelle Beispiele, in denen künstliche Intelligenz zum Einsatz kommt!
2. Begründen Sie anhand von Beispielen, warum die künstliche Intelligenz von so herausragender Bedeutung für den derzeitigen Innovationssprung ist!

6 Robotertechnik

1. Erläutern Sie, worin der Unterschied zwischen traditionellen Industrierobotern und kollaborativen Robotern liegt!
2. Nennen Sie die wirtschaftlichen Vorteile, die sich aus dem Einsatz von Robotern ergeben!

7 Big Data

1. Erklären Sie den Begriff Big Data!
2. Beschreiben Sie die Entstehung dieser riesigen Datenmenge!
3. Nennen Sie die drei Herausforderungen, die sich aus dem Komplex Big Data ergeben!
4. Erläutern Sie, wofür die Analyse der Datenmengen von so großer Bedeutung ist!

8 Internet der Dinge

1. Erklären Sie den Begriff Internet der Dinge!
2. Beschreiben Sie, durch welche Fähigkeiten sich ein normales Produkt von einem smarten Produkt unterscheidet!
3. Recherchieren Sie im Internet nach Beispielen, bei denen durch smarte Produkte das Geschäftsmodell erweitert bzw. verändert wurde!

9 Wirtschaftliche und soziale Veränderungen

1. Nachfolgend finden Sie einige Darstellungen aus amerikanischen Analysen. Interpretieren Sie diese Darstellungen (Abb. 1 bis 4) und erstellen Sie eine Gesamtbeurteilung!

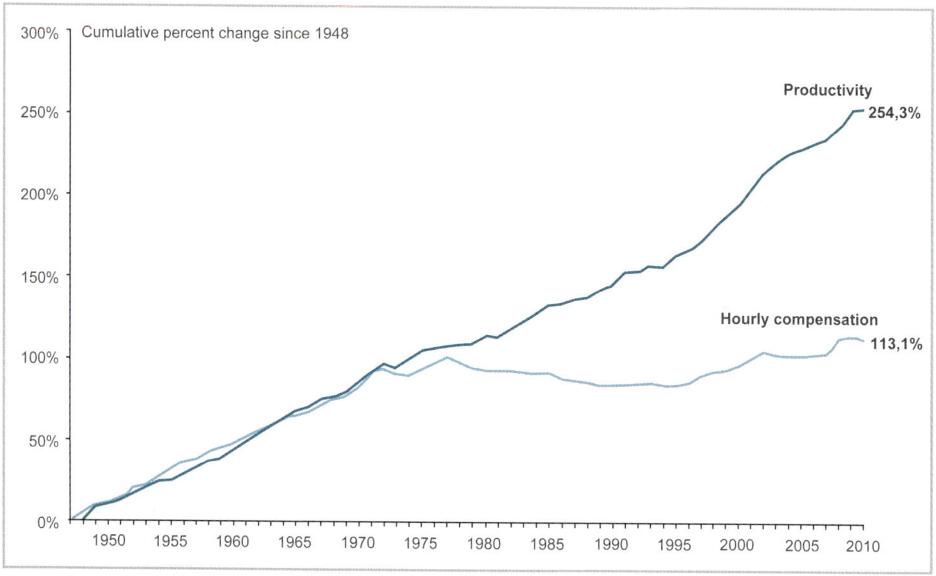

Abb. 1: Wachstum der realen stündlichen Vergütung für Arbeiter in der Produktion (ohne Führungsaufgabe) im Vergleich zur Arbeitsproduktivität (1948–2010)[1]

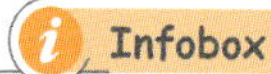

Arbeitsproduktivität ist das mengenmäßige Verhältnis von Arbeitsleistung zu Arbeitseinsatz. Die höhere Produktivität moderner Industriegesellschaften beruht u. a. auf dem Einsatz von mehr und besserer Technologie sowie der höheren und besseren Ausbildung.

1 Quelle: http://www.epi.org/publication/ib330-productivity-vs-compensation/ (19.09.2017).

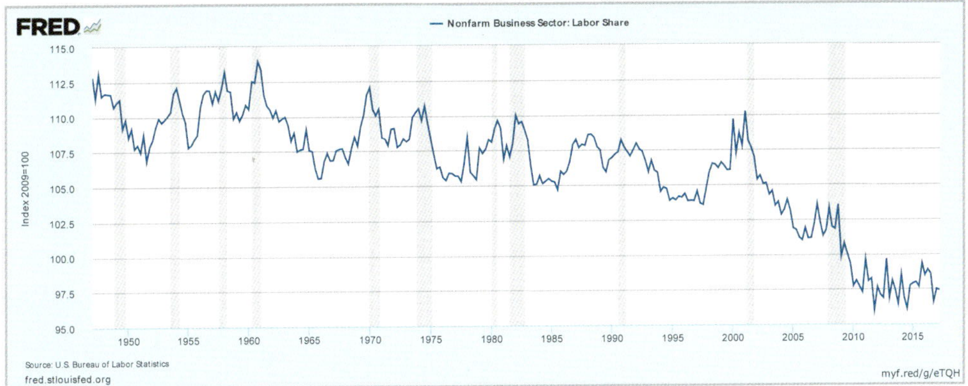

Abb. 2: Anteil der Lohnquote am Nationaleinkommen der USA (1947–2017)[1]

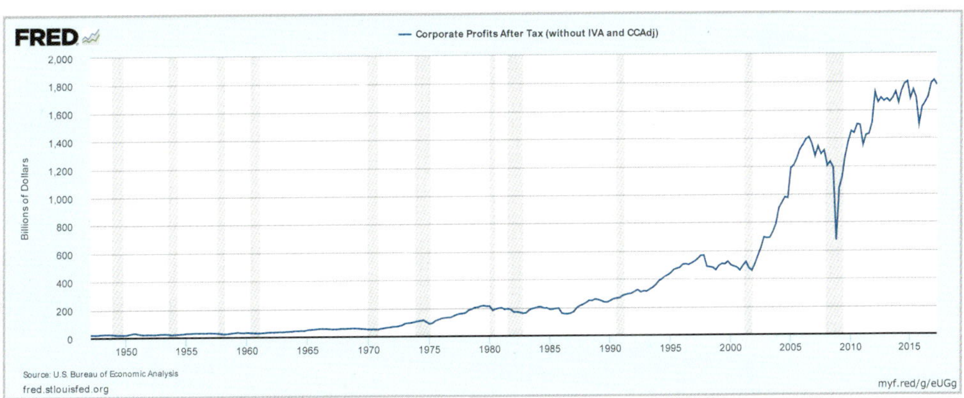

Abb. 3: Entwicklung der Unternehmensgewinne (1947–2017)[2]

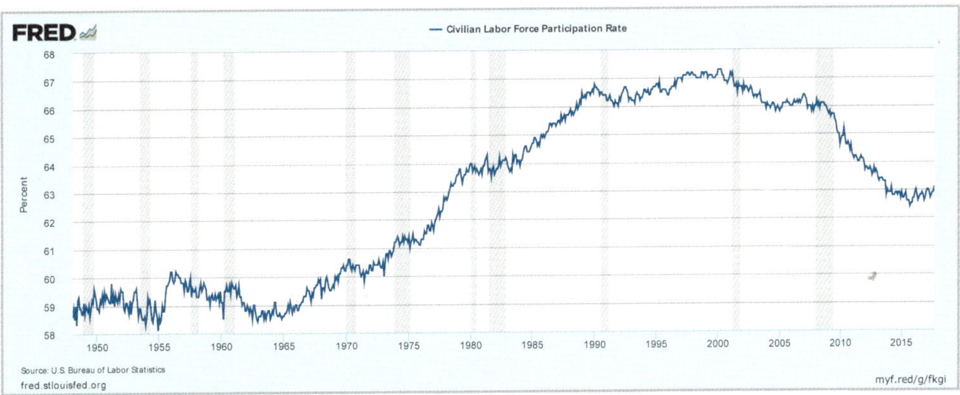

Abb. 4: Erwerbsquote (1948–2017)[3]

1 Quelle: https://fred.stlouisfed.org/series/PRS85006173 (19. 09. 2017).

2 Quelle: https://fred.stlouisfed.org/graph/?id=CP (19. 09. 2017).

3 Quelle: https://fred.stlouisfed.org/graph/?id=CIVPART (19. 09. 2017).

2. Prüfen Sie, ob die positiveren Ergebnisse in den deutschen Analysen (vgl. Kapitel 5.1.2) zu Recht bestehen!

3. Geben Sie an, welche persönlichen Entscheidungen und Schlussfolgerungen sich für Sie persönlich daraus ergeben!

4. Die Diskussion um ein bedingungsloses Grundeinkommen dringt mehr und mehr in das Bewusstsein der Gesellschaft. Erstellen Sie zu diesem Thema eine Gegenüberstellung mit Pro- und Kontra-Argumenten und entscheiden Sie begründet, ob Sie ein bedingungsloses Grundeinkommen einführen würden oder nicht!

5. Geben Sie an, welche Risiken mit dem Internet der Dinge verbunden sind und warum diese im Internet der Dinge besonders hoch sind!

6. Erklären Sie, inwieweit sich durch das Internet auch eine Gefahr für die Selbstbestimmung der Menschen ergibt!

Lösungen

Übungsaufgabe 1

1. Der Begriff **Industrie 4.0** wurde erstmals zur Hannover Messe 2011 geprägt. Die Wortschöpfung geht davon aus, dass drei Technologiesprünge in der Industrie bereits stattgefunden haben und wir nunmehr an der Schwelle der vierten industriellen Revolution stehen.

2. Die technologischen Veränderungen, die sich aus der Industrie 4.0 ergeben, bleiben nicht auf den Bereich der Industrie beschränkt. Auch im Handel sowie in der Medizin und Arbeitswelt ergeben sich Umwälzungen, die mit denen in der Industrie 4.0 sehr verwandt sind. Die Übertragung der Zahl 4.0 auf andere Bereiche wie z. B. Handel 4.0 fokussiert die Betrachtung auf den Handel unter dem Blickwinkel der dort stattfindenden digitalen Veränderungen.

Übungsaufgabe 2

1. **Erste industrielle Revolution – Mechanisierung**

   Sie ergab sich aus dem zeitlichen Zusammenfallen von zwei Entwicklungen:

   - Im **Energiebereich** war es die Weiterentwicklung der **kohlebetriebenen Dampfmaschinen,** -lokomotiven und -schiffe.

     Damit verbunden waren enorme Produktivitätsgewinne in der Produktion. Kohlelokomotiven und -schiffe ermöglichten schnelle, kostengünstige, sichere und wetterunabhängige Transporte.

   - Im **Kommunikationsbereich** war es die Entwicklung des **dampfbetriebenen Druckwesens** und der **elektrischen Telegrafie.**

     Mit Steigerung der Zeitungsauflagen gingen Alphabetisierungsbemühungen und damit eine bessere Bildung einher. Die Telegrafie erlaubte eine rasche Kommunikation rund um den Globus.

   Zweite industrielle Revolution – Verbrennungs- und Elektromotor

   Wiederum fielen zwei Entwicklungen zeitlich zusammen:

   - Im **Energiebereich** waren es die Entdeckung des **Erdöls,** die Entwicklung des **Verbrennungs- und des Elektromotors** sowie die **zentrale Erzeugung von elektrischer Energie in Kraftwerken.**

     Der Übergang des Transports von der Schiene auf die Straße brachte eine Ausweitung der wirtschaftlichen Aktivitäten in die Fläche. Großkraftwerke produzierten kostengünstig Strom, der über Fernleitungen an jeden beliebigen Ort transportiert werden konnte. Die Anordnung der Maschinen nach dem Flussprinzip (Fließband) ermöglichte rationelle Arbeitsprozesse. Der Arbeitsumfang einer Arbeitskraft umfasste nur wenige Handgriffe (Taylorismus), sodass die Arbeiten auch von der arbeitslosen und gering qualifizierten Landbevölkerung rasch übernommen werden konnten.

- Im **Kommunikationsbereich** war es die **Entwicklung des Telefons.**

  Das Telefon ermöglichte die Abstimmung der wirtschaftlichen Aktivitäten in „Echtzeit".

Dritte industrielle Revolution – Digitalisierung

Der Schwerpunkt dieser Revolution lag im Bereich der **Information** und **Kommunikation.** Die Digitalisierung der Daten, also die Darstellung von Informationen in Form eines Binärcodes, war Voraussetzung für die elektronische Datenverarbeitung. Daher wird diese Revolution auch als digitale Revolution bezeichnet.

Vierte industrielle Revolution –
Ausweitung der Digitalisierung auf cyber-physische Systeme

Technisch gesehen wird gegenüber der dritten industriellen Revolution kein Neuland betreten. Es handelt sich vielmehr um eine kontinuierliche Weiterentwicklung derselben. Der Innovationssprung beruht darauf, dass die bereits **bestehenden Innovationen auf vielfache Weise neu kombiniert werden** und dadurch zu völlig neuen, smarten Produkten, neuen Geschäftsmodellen und damit zu wirtschaftlichen (insbesondere in der Arbeitswelt) und gesellschaftlichen Veränderungen führen.

2. Die Zuordnung der sich durch Industrie 4.0 ergebenden Änderungen auf drei Ebenen erleichtert es, einen Überblick über die sehr komplexen und miteinander verwobenen Veränderungsprozesse zu gewinnen.

Ebene 1:

Hier finden wir die **technologischen Veränderungen.** Ein Teil davon ist verantwortlich für die Dynamik der Entwicklung. Die anderen bilden die tragenden Strukturen, die zusammen das „Gebäude" Industrie 4.0 ausmachen.

Zu den Antriebskräften, die über die Dynamik der vierten industriellen Revolution bestimmen, gehören

- das **Moore'sche Gesetz,**
- die **ständig bessere drahtlose Kommunikation** und
- die **fortgesetzte Miniaturisierung** elektrotechnischer Komponenten.

Zu den tragenden Strukturen gehören

- die **künstliche Intelligenz,**
- die **Robotertechnik,**
- **Big Data** und
- das **Internet der Dinge.**

(Manche Veröffentlichungen ordnen dieser Ebene noch den 3D-Druck, die Nanotechnologie und auch die Gentechnik zu.)

Ebene 2:

Auf dieser Ebene betrachten wir die „Ergebnisse" der technologischen Veränderungen, die **„smarten" Produkte.** Diese führen zu veränderten Geschäftsmodellen.

Ebene 3:

Auf dieser Ebene betrachten wir die damit verbundenen **wirtschaftlichen und gesellschaftlichen Veränderungen.** Dabei fokussieren wir uns auf

- die Auswirkungen auf die Arbeit,
- die sich daraus ergebenden Schlussfolgerungen für den Einzelnen,
- die sozialen Veränderungen, insbesondere die soziale Sicherung,
- die Risiken und Gefahren, die sich aus der Möglichkeit ergeben, das Netz und die Menschen zu manipulieren.

Übungsaufgabe 3

Entscheidende Antriebskräfte	Wesentliche Bausteine
• Moore'sches Gesetz • Bessere drahtlose Kommunikation • Miniaturisierung von Sensoren und Kameras	• Künstliche Intelligenz • Robotertechnik • Big Data • Internet der Dinge

Übungsaufgabe 4

Das Moore'sche Gesetz formuliert eingängig den dynamischen Zuwachs an Rechnerleistung. Die Größenordnung lässt sich mit einer Faustformel leicht merken:

- Verdoppelung der Leistung alle 1,5 Jahre oder auch
- Verhundertfachung alle 10 Jahre.

Die Tücke besteht darin, dass die Entwicklung sich zunächst sehr schleichend vollzieht und daher kaum wahrgenommen wird, um dann gegen Ende geradezu zu explodieren.

Beispiel

Angenommen, es gäbe einen großen Teich, der sich jedes Jahr mit Seerosen füllt. Am 1. Mai zeigt sich das erste Blatt, $1^1/_2$ Tage später sind es zwei Blätter, am 4. Mai, sind es vier Blätter usw. Alle $1^1/_2$ Tage verdoppelt sich also die Menge. Am 28. Mai ist der Teich zu einem Viertel der Fläche gefüllt. Und dann geht es ganz schnell: Drei Tage später, am 31. Mai ist der Teich lückenlos mit Seerosenblättern zugedeckt.

Tag	Seerosenblätter
1	1
2,5	2
4	4
5,5	8
7	16
8,5	32
10	64

Tag	Seerosenblätter
11,5	128
13	256
14,5	512
16	1 024
17,5	2 048
19	4 096
20,5	8 192

Tag	Seerosenblätter
22	16 384
23,5	32 768
25	65 536
26,5	131 072
28	262 144
29,5	524 288
31	1 048 576

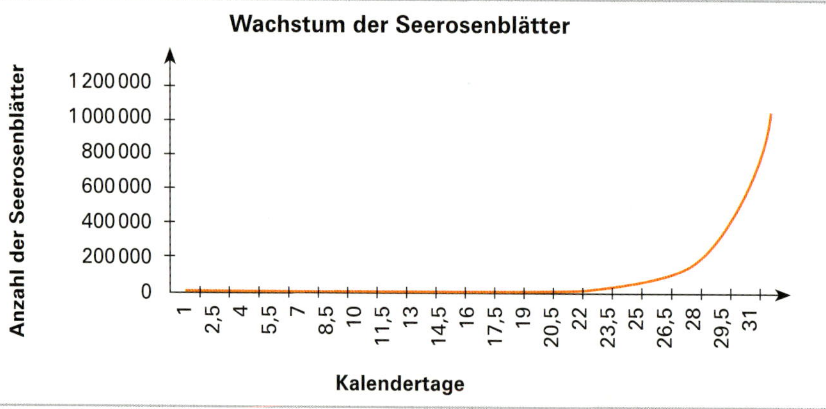

Übungsaufgabe 5

1. Künstliche Intelligenz in der starken Form ist

- eine **nicht-biologische Einrichtung,** bestehend aus Programm, Daten und Hardware (Prozessor), die
- **selbstständig Ziele setzt,**
- **Pläne** zu deren Verwirklichung **fasst und verfolgt,**
- **vernünftig handelt,**
- **Unsicherheiten minimiert,**
- die **gemachten Erfahrungen bewertet und in neue Entscheidungen einfließen** lässt, also **lernt.**

Sogenannte **neuronale Netze** sind ein Ansatz, die Funktionsweise menschlichen Lernens durch das Gehirn nachzuvollziehen. Noch befindet sich die Entwicklung der künstlichen Intelligenz in den Kinderschuhen, macht aber derzeit enorme Fortschritte.

Beispiele[1]

① Forscher des Softwareunternehmens Adobe (Entwickler von Photoshop u. a.) und der Universität Princeton haben einen **Algorithmus** entwickelt, quasi **„Photoshop für Audiodateien“,** der aus nur 20 Minuten Aufnahmematerial eine Stimme samt Tonlage, Tempo und Sprachmelodie erlernen kann. Damit ist es möglich, geschriebene Texte per künstlich intelligenter Software mit der erlernten Stimme wiederzugeben.

② Designer von Animationsfilmen benutzen Software, um der Mimik ihrer Figuren möglichst realistische, menschliche Züge zu verleihen. Die Figuren sind in der Regel jedoch frei erfunden. Forscher der Universität Erlangen Nürnberg, des Max-Planck-Instituts für Informatik und der Stanford University haben es geschafft, die Mimik einer Person in Echtzeit auf das Gesicht einer anderen Person in einem Video zu übertragen. Die **Software** heißt **Face2Face** und benötigt zwei reale Personen. Die erste Person, das „Ziel“, wird zuvor per Video aufgenommen und ist auf einem Bildschirm zu sehen. Die zweite Person, die „Quelle“, lässt vor laufender Kamera ihre Gesichtsmuskeln

1 Quelle: Léa Steinacker, Mit falscher Stimme, Essay aus WirtschaftsWoche Nr. 4 vom 20.01.2017.

spielen. **Ein Algorithmus transferiert die Mimik der Quellperson in Echtzeit auf das Video der Zielperson.** Deren Gesicht bewegt sich dann auf dem Monitor genau nach Vorgabe der Quellperson.

2. Künstliche Intelligenz steht im Zentrum der vierten industriellen Revolution. Sie erobert immer mehr Arbeitsgebiete (z.B. geistige Arbeit mit vermeintlich wenig Routine), in denen der Mensch sich bisher sicher wähnte vor einer Ablösung durch die Informationstechnik. Die künstliche Intelligenz erhöht nicht nur die Effizienz der bestehenden Produktionsfaktoren Arbeit und Kapital, sondern sie wird selbst zum Produktionsfaktor, indem durch sie erst völlig innovative Produkte und Dienstleistungen möglich werden.

Übungsaufgabe 6

1. Ein **traditioneller Industrieroboter** ist ein **Automat,** der überwiegend Aufgaben in der Fertigung oder Montage übernimmt. Seine „Arme" verfügen über mehrere Achsen, die in Bezug auf die Reihenfolge der Bewegungen, der Wege und Bewegungswinkel frei programmiert werden können. Ggf. sind sie auch sensorgesteuert. Die Roboterachsen können mit Werkzeugen oder Greifern ausgerüstet werden. (Angelehnt an VDI-Richtlinie 2860.) Industrieroboter sind schnell, präzise, ausdauernd und verfügen über enorme Kräfte. Da sie in der Regel „blind" sind, ist es erforderlich, dass die zu bearbeitenden Werkstücke präzise an genau der Stelle positioniert sind, die im Programm dafür vorgesehen ist. Aus Sicherheitsgründen für den Menschen sind sie von einem Käfig umgeben.

Kollaborative Roboter sind kleiner, preisgünstiger, können in der Regel „sehen" und arbeiten nicht hinter einem Gitter, da sie ihren Bewegungsablauf sofort unterbrechen, wenn sie für einen Menschen gefährlich werden könnten. Sie bedürfen keiner aufwendigen Programmierung. Vielmehr lernen sie, indem der Mensch sie „an die Hand" nimmt und mit ihnen die Bewegungen ausführt. Sie arbeiten mit dem Menschen zusammen, z.B. in der Montage.

2. Roboter können ohne Pause rund um die Uhr arbeiten, verursachen keine Kosten der Sozialversicherung (Krankenkasse, Rentenversicherung usw.), des Urlaubs oder der Fortbildung, werden nicht krank, nehmen keine Elternzeit usw. Zudem sind vor allem die kollaborativen Roboter preisgünstig (Baxter: 22000,00 $ als Basismodell).

Übungsaufgabe 7

1. Big Data ist ein Schlagwort im Rahmen von Industrie 4.0. **„Big"** bezieht sich dabei auf drei Dimensionen:

- das immense **Datenvolumen,**
- die **Entstehungsgeschwindigkeit,**
- die Datenvielfalt **(unterschiedliche Datentypen).**

Die riesigen Datenmengen sind daher mit den herkömmlichen Verfahren der Datenverarbeitung, die häufig ein festes Satzformat voraussetzen, nicht zu bewältigen.

2. Riesige Datenmengen werden zunächst verursacht durch Milliarden von Menschen mit ihren Smartphones, Tablets und PCs. Aber auch Maschinen, Stromzähler, Kühlschränke, Heizungsanlagen, Autos usw. erhalten im Internet der Dinge eine IP-Adresse.

So werden diese Geräte durch Tastatureingaben, Sensoren, Zähler, Kameras usw. zu Erfassungsgeräten für ungeheure Datenmengen.

3. Die Herausforderung besteht darin, dass es eben **nicht nur viel** ist. Die **Geschwindigkeit,** in der die Datenmenge anwächst und die **Vielfalt der Datenformate** sind die weiteren beiden Herausforderungen.

4. Hinter der Datenflut verbergen sich Zusammenhänge und Gesetzmäßigkeiten in vielfältiger Art: Kundenverhalten, voraussichtliche Störungen bei technischen Einrichtungen usw. Deren Kenntnis ist notwendig, um daraus Vorhersagen für die Zukunft zu treffen. *(„Diejenigen, die sich für dieses Produkt interessiert haben, hatten auch Interesse für das Produkt XY.")* Auf diese Weise ist es z. B. möglich, personalisierte Angebote zu machen. Das kann so weit gehen, dass Suchanfragen von einem teuren Handy aus mit anderen Preisangeboten beantwortet werden, als wenn sie von einem preisgünstigen Handy aus gestartet würden.

Übungsaufgabe 8

1. Im Internet der Dinge wird der Kreis der Teilnehmer über die **Verbraucher** hinaus um **smarte Dinge,** also z. B. Maschinen, Heizungsanlagen, Videoüberwachungsgeräte usw. erweitert.

2. **Normale Produkte** haben einen Gebrauchswert und liefern einen **Grundnutzen** (Mantel gibt Wärme). Einen Zusatznutzen liefert das Produkt allenfalls über sein Design oder über die Marke (Mantel ist chic. Er signalisiert Wohlstand. Der Träger hat dadurch die Möglichkeit, sich aus einer Gruppe abzuheben [Stufe 4 der Maslow'schen Bedürfnispyramide]. Vergleichbares gilt bei der Anschaffung eines Pkw.)

   Ein **smartes Produkt** besitzt noch eine **intelligente Komponente,** mit der es z. B. Daten erfassen und speichern, seinen Zustand selbst bestimmen oder die Ausführung von Aktionen autonom veranlassen kann. Eine zusätzliche **Vernetzungskomponente** macht es möglich, dass das Produkt, z. B. über das Internet der Dinge, mit seiner Umgebung kommunizieren kann.

3. Individuelle Schülerlösungen (siehe auch Beispiel im Buchtext, S. 35).

Beispiel

Das autonome Fahren wird die Effizienz der Fahrzeugnutzung dramatisch verändern. *„Wir müssen daher davon ausgehen, dass wir spätestens mit der Ära des autonomen Fahrens deutliche Wachstumspotenziale neben dem Fahrzeug schaffen müssen",* sagt Lutz Meschke, stellvertretender Vorstandschef und IT-Vorstand der Porsche AG im Digital Lab des Unternehmens in Berlin. *„Wir müssen unsere digitale Kompetenz beweisen".* Als Beispiel nannte Meschke eine Schnell-Ladestation für den „Mission E", einem 600-PS-Porsche-Elektroauto, das mit beeindruckenden Fahrleistungen Ende dieses Jahrzehnts auf den Markt kommen soll.

Auch im Vertrieb dreht sich alles um die Digitalisierung. **„Wir müssen den Kunden nicht nur kennen. Porsche muss die Kundendaten besitzen, um daraus die Geschäftsmodelle der Zukunft zu entwickeln."** Datensicherheit und Datenschutz sieht der IT-Vorstand für deutsche Autobauer mittelfristig als **Wettbewerbsvorteil.** Porsche gewährleiste, dass die Datenhoheit beim Kunden bleibe. Das werde auch ein **Verkaufsargument** sein.[1]

1 Auszug aus: Porsche setzt auf digitale Dienste, Schwäbische Zeitung vom 26.01.2017 (geringfügige Anpassungen durch Autor).

Fazit:

Porsches Geschäftsmodell ändert sich insofern, als Elektroautos keinen Motor, keinen Vergaser, kein Getriebe und keine Auspuffanlage benötigen. Dadurch fallen Geschäftsfelder weg und es müssen **Wachstumspotenziale neben dem Fahrzeug** geschaffen werden.

Datenschutz und **Datensicherheit** sind Schlüsselfaktoren beim autonomen Fahren. Eine der größten Herausforderungen besteht darin, das Fahrzeug gegen Hackerangriffe von außen zu sichern. Hätten beispielsweise Außenstehende Zugriff auf sicherheitsrelevante Systeme (wie z. B. Lenkung und Bremsen), könnten sie damit erheblichen Schaden anrichten. Es gilt daher, die Eingangspforten für Angriffe abzusichern und Zugriffe von außen nur über die IT des Herstellers zuzulassen.[1] Wenn Porsche garantiert, dass die **Datenhoheit beim Kunden** bleibt, ist dies in der Tat ein **zugkräftiges Verkaufsargument.**

Porsches **Front-End-Perspektive des Geschäftsmodells ändert sich** insofern, als

- das Leistungsbündel erweitert wird um Wachstumspotenziale neben dem Fahrzeug,
- die Art und Weise verändert wird, wie das Produktangebot gegenüber dem Kunden dargestellt wird. Es erfolgt eine Verschiebung von den traditionellen Porsche-Attributen wie Dynamik und Sport hin zu Attributen wie Datenschutz, Datensicherheit und Hoheit über die Daten.

Übungsaufgabe 9

1. **Abbildung 1** zeigt, dass Produktivität und Vergütung bis zum Jahr 1973 annähernd im Gleichschritt verlaufen. Die zunehmende Produktivität kam in gleichem Maße den Arbeitnehmern zugute. Ab Mitte der 70er-Jahre öffnet sich die Schere. Die Produktivität steigt weiterhin aufgrund der Innovationen, aber deren Früchte kommen weniger den Arbeitern zugute, sondern den Geschäftsinhabern und Investoren.

   Abbildung 2 zeigt, dass der Anteil des Arbeitseinkommens am Nationaleinkommen der USA sich bis etwa 1970 in einer relativ engen Bandbreite bewegt. Sie sinkt ab 1970 leicht und ab 2000 in sehr starkem Maße.

   (**Anmerkung**: Diese Entwicklung ist umso bedenklicher, als damit **alle Gehaltsempfänger** erfasst sind. Ohne die explosionsartigen Zuwächse der Gehälter von Industrie- und Bankmanagern, Angestellten der Wallstreet und der Sport- und Filmstars wäre der Absturz noch dramatischer.)

   Abbildung 3 zeigt, dass im Gegenzug – trotz eines kurzen Einbruchs in der Finanzkrise – die Unternehmensgewinne und damit die Kapitaleinkünfte stiegen.

   (**Anmerkung**: Diese gegenläufige Entwicklung ist nicht auf die USA beschränkt. Untersuchungen ergaben, dass von 56 Nationen bei 38 ebenfalls ein deutlicher Rückgang der Lohnquote zu verzeichnen ist. Dass dem so ist, führten die Verfasser zurück auf *„Effizienzsteigerungen in den Kapital produzierenden Industriebereichen, häufig verursacht durch Fortschritte in der Informationstechnologie und das Computerzeitalter."*[2])

---

1 Eine solche Eingangspforte wäre z. B. die im Auto verbaute SIM-Karte. Über diese ist das Auto selbst Teil des Internet der Dinge. Der Einbau dieser Karte wird für Neuwagen ab 2018 Pflicht wegen der Umsetzung des Notrufsystems eCall.

2 Martin Ford, Aufstieg der Roboter, Kulmbach, 2016, S. 62.

5 Hug - ISBN 978-3-8120-0304-9

Abbildung 4 zeigt, dass die Erwerbsquote seit dem Jahr 2000 um etwa 4 % gesunken ist.

(**Anmerkung**: Während die Arbeitslosenquote nur jene Menschen berücksichtigt, die aktiv eine neue Beschäftigung suchen, berücksichtigt die Erwerbsquote auch jene Menschen, die die Suche nach einer neuen Anstellung bereits aufgegeben haben.)

Betrachten wir die dargestellten Entwicklungen in der Summe, dann nahm in den Jahren nach 2000 die Entwicklung der Informationstechnologie mit dem Beginn von Industrie 4.0 immer mehr an Fahrt auf.

- Die Firmen nutzten die Vorteile dieser Innovationen,
- die Produktivität stieg,
- Computer und Roboter lösten Arbeiter ab,
- die Erwerbsquote sank,
- Lohnerhöhungen fielen geringer aus als der Produktivitätszuwachs und
- der Anteil der Lohnquote am Nationaleinkommen fiel.

Die Ausführungen lassen den Schluss zu, dass die Informationstechnologie an dieser Entwicklung vielleicht nicht die alleinige, so aber doch eine wichtige Rolle gespielt hat – neben der Verlagerung der Produktion ins Ausland, z. B. nach China.

(**Anmerkung**: Es gibt allerdings bereits Belege dafür, dass die Tendenz zur Produktionsverlagerung ins Ausland sich nicht nur verlangsamt, sondern den Rückwärtsgang eingelegt hat – auch unabhängig von den politischen Forderungen des amerikanischen Präsidenten. Mögliche Ursache: Die Lohn- und die weiteren Kosten, die sich mit einer Produktion im Ausland verbinden, sind allmählich so weit gestiegen, dass die Produktion mit Robotern im Inland wieder wirtschaftlich attraktiv wird.)

2. Am Produktionsstandort Deutschland sind die Voraussetzungen anders als in den USA mit ihrer eher digital ausgerichteten Volkswirtschaft. Deutschland ist geprägt von

- einer starken Industrie,
- einem starken Mittelstand mit zahlreichen Hidden Champions in ihren Marktnischen,
- einer hohen Exportorientierung,
- einer fundierten dualen Ausbildung,
- einer beachtlichen IT-Kompetenz und starkem Know-how in der Automatisierungstechnik,
- einem eher schwachen Dienstleistungssektor und
- einer geringen Gründungsrate.

Dadurch hat Deutschland gute Voraussetzungen, die positiven Potenziale von Industrie 4.0 für sich zu nutzen und die Führungsposition weiter auszubauen. Es spricht also vieles dafür, dass die positiveren Ergebnisse in den deutschen Analysen berechtigt sind.

Voraussetzung ist allerdings, dass Wirtschaft und Politik gemeinsam durch Förderung der Bildung, Fortbildung und Infrastruktur (z. B. Ausbau der Netze) eine beschleunigte Digitalisierung aktiv unterstützen. Jeder Einzelne muss Lernen als lebenslange Aufgabe begreifen. Ansonsten besteht das Risiko, dass andere Länder schneller sind und Deutschland die Rolle des Vorreiters mit Wettbewerbsvorteilen verliert.

3. Individuelle Schülerlösung.

Der beste persönliche Schutz, von der Digitalisierung nicht abgehängt zu werden, ist eine Ausbildung in jenen Bereichen, die von der Automatisierung nicht oder schlecht besetzt werden können.

Charakteristisch hierfür sind Tätigkeiten mit folgenden Ansprüchen:

- kreative und soziale Intelligenz zur Bewältigung komplexer Kommunikationen,
- Fähigkeit zum Erkennen von Mustern in einem weitgesteckten Rahmen,
- Entwickeln von guten, neuen, innovativen und prozessübergreifenden Denkansätzen.

4. Individuelle Schülerlösung.

5. Die Entwickler des ARPANET (vgl. Kapitel 5.3.1), dem Vorläufer des Internets, gingen aus von einem anderen Grundverständnis für das Netz: Als „dummes" Netz sollte es den freien, unkomplizierten und raschen Datentransfer ermöglichen. Die Intelligenz sollte in den angeschlossenen Computern sein. Angriffe von Usern untereinander lag außerhalb der Vorstellungswelt der Entwickler.

Während inzwischen das traditionelle Internet relativ stark gesichert ist durch Firewalls, Virenscanner und Passwörter, weist das Internet der Dinge noch relativ große Sicherheitslücken auf, weil z. B. die Standard-Login-Daten des Herstellers nach der Installation unverändert bleiben, Daten unverschlüsselt übertragen werden und Updatemechanismen überhaupt nicht vorhanden sind oder vernachlässigt werden. Dies macht es Viren relativ leicht, in ein derart schlecht geschütztes System einzudringen, um z. B. ein Botnet aufzubauen.

6. Software-Roboter, ausgestattet mit künstlicher Intelligenz, tummeln sich im Internet und insbesondere in den sozialen Netzwerken. Sie täuschen vor, Menschen zu sein und beeinflussen z. B. die öffentliche Meinung, indem sie in Diskussionsforen die Diskussion in die Richtung ihres Auftraggebers lenken. So erzeugen sie „Fake News" und täuschen nicht vorhandene Followerzahlen vor.

Literaturverzeichnis

Berke, Jürgen: Der Angriff auf Thyssenkrupp: Im Auge des Sturms, WirtschaftsWoche Nr. 51, 2016.

Bonin, Holger/Gregory, Terry/Zierahn, Ulrich: Endbericht – Kurzexpertise Nr. 57 – Übertragung der Studie von Frey/Osborne (2013) auf Deutschland. Mannheim, 2015. Online verfügbar: ftp://ftp.zew.de/pub/zew-docs/gutachten/Kurzexpertise_BMAS_ZEW2015.pdf (Zugriff: 14.09.2017).

Brynjolfsson, Erik/McAfee, Andrew: The Second Machine Age, Kulmbach, 2015.

Bundesministerium für Arbeit und Soziales (Hrsg.): Digitalisierung der Arbeitswelt, Werkheft 01, Berlin, 2016. Online verfügbar: http://www.arbeitenviernull.de/fileadmin/Downloads/BMAS_Werkheft-1.pdf (Zugriff: 26.10.2017).

Bundesministerium für Arbeit und Soziales (Hrsg.): Wie wir arbeiten (wollen), Werkheft 02, Berlin, August 2016. Online verfügbar: https://www.arbeitenviernull.de/fileadmin/Downloads/BMAS_Werkheft-2.pdf (Zugriff: 26.10.2017).

Bundesministerium für Arbeit und Soziales (Hrsg.): Weißbuch Arbeiten 4.0. Berlin, 2017. Online verfügbar: https://www.bmas.de/SharedDocs/Downloads/DE/PDF-Publikationen/a883-weissbuch.pdf?__blob=publicationFile&v=4 (Zugriff: 26.10.2017).

Dürand, Dieter: Aufbruch in die Robo-Zukunft, in: WirtschaftsWoche Nr. 49, Serie Künstliche Intelligenz (1), 25.11.2016. Online verfügbar: http://www.wiwo.de/technologie/digitale-welt/serie-kuenstliche-intelligenz-aufbruch-in-die-robo-zukunft/14885882-all.html (Zugriff: 27.10.2017).

Eberl, Ulrich: Smarte Maschinen, München, 2016.

Frankfurter Allgemeine Zeitung: Verlagsspezial Industrie 4.0, 22.11.2016.

Ford, Martin: Aufstieg der Roboter, Kulmbach, 2016.

Fraunhofer-Institut für Produktionstechnik und Automatisierung und Dr. Wieselhuber & Partner GmbH: Geschäftsmodell-Innovation durch Industrie 4.0 – Studie, März, 2015. Online verfügbar: https://www.wieselhuber.de/migrate/attachments/Geschaeftsmodell_Industrie40-Studie_Wieselhuber.pdf (Zugriff: 13.09.2017).

Frey, Carl B./Osborne, Michael A.: The Future of Employment: How susceptible are Jobs to Computerisation? 2013. Online verfügbar: http://www.oxfordmartin.ox.ac.uk/downloads/academic/The_Future_of_Employment.pdf (Zugriff: 26.10.2017).

Georgi, Oliver: Software-Roboter – Automatisierter Hass im Netz, Frankfurter Allgemeine, 24.05.2016. Online verfügbar: http://www.faz.net/aktuell/politik/automatisierter-hass-im-netz-dank-software-robotern-14245829.html (Zugriff: 18.09.2017).

Heimann, Wolfgang: Das bedingungslose Grundeinkommen, Ein Entwicklungsmodell, Wege hin zu einer menschlichen Gesellschaft. Online verfügbar: http://www.grundeinkommen-hamburg.de/upload/Grundeinkommen-als-Entwicklungsmodell.pdf (Zugriff: 26.10.2017).

Institut für Arbeitsmarkt- und Berufsforschung der Bundesagentur für Arbeit (Hrsg.): Forschungsbericht 13/2016, Wirtschaft 4.0 und die Folgen für Arbeitsmarkt und Ökonomie, 2016. Online verfügbar: http://doku.iab.de/forschungsbericht/2016/fb1316.pdf (Zugriff: 14.09.2017).

Jurran, Nico: Erste Smarte Bürste soll für schönes Haar sorgen, Heise online, 04.01.2017. Online verfügbar unter: https://www.heise.de/newsticker/meldung/Erste-smarte-Buerste-soll-fuer-schoenes-Haar-sorgen-3587445.html (Zugriff: 13.09.2017).

Losch, Roland: Audi will das Fließband abschaffen, Heise online, 25.11.2016. Online verfügbar: https://www.heise.de/newsticker/meldung/Audi-will-das-Fliessband-abschaffen-3504451.html (Zugriff: 13.09.2017).

Maier, Astrid u. a.: Netzattacken im Minutentakt. WirtschaftsWoche Nr. 50, 2016.

Marsiske, Hans-Arthur: Humanoids 2016: „Deep Learning ist keine black box", Heise online, 18.11.2016. Online verfügbar: https://www.heise.de/newsticker/meldung/Humanoids-2016-Deep-Learning-ist-keine-black-box-3491188.html (Zugriff: 13.11.2017).

Moore, Gordon E.: Cramming More Components onto Integrated Circuits, Electronics 38, Nr. 8, 1965. Online verfügbar: http://www.cs.utexas.edu/~fussell/courses/cs352h/papers/moore.pdf (Zugriff: 26.10.2017).

Pinker, Steven: Wie das Denken im Kopf entsteht, Frankfurt am Main, 2011.

Promotorengruppe Kommunikation der Forschungsunion Wirtschaft – Wissenschaft und Deutsche Akademie der Technikwissenschaften e.V. (Hrsg.): Umsetzungsempfehlung für das Zukunftsprojekt Industrie 4.0, Abschlussbericht des Arbeitskreises Industrie 4.0, April 2013. Online verfügbar: https://www.bmbf.de/files/Umsetzungsempfehlungen_Industrie4_0.pdf (Zugriff: 26.10.2017).

Rifkin, Jeremy: Die Null-Grenzkosten-Gesellschaft, Frankfurt/New York, 2014.

Rohling, Gitta: Fakten und Prognosen: Smarte Digitalisierung, Von Big Data zu Smart Data. Online verfügbar: https://www.siemens.com/innovation/de/home/pictures-of-the-future/digitalisierung-und-software/von-big-data-zu-smart-data-fakten-und-prognosen.html (Zugriff: 25.10.2017).

Schipper, Lena: Was ist eigentlich das Internet der Dinge? Frankfurter Allgemeine, 2015. Online verfügbar: http://www.faz.net/aktuell/wirtschaft/cebit/cebit-was-eigentlich-ist-das-internet-der-dinge-13483592.html?printPagedArticle=true#pageIndex_2 (Zugriff: 13.09.2017).

Schulz, Thomas und Brinkbäumer, Klaus: „Mitten in der Zeitenwende", SPIEGEL-Gespräch mit Microsoft-Chef Satya Nadella. DER SPIEGEL 42/2016.

Schwab, Klaus: Die Vierte Industrielle Revolution, München, 2016.

Steinacker, Léa: Das Offlinerätsel, WirtschaftsWoche Nr. 52, 2016.

Steinacker, Léa: Mit falscher Stimme, Essay aus WirtschaftsWoche Nr. 4, 2017.

Tuck, Jay: Evolution ohne uns: Wird künstliche Intelligenz uns töten? Kulmbach, 2016.

Wagener, Benjamin: Neue Welten, alte Träume. Die CES erprobt das Auto der Zukunft – ZF baut mit Nvidia intelligentes Steuersystem, Schwäbische Zeitung vom 05.01.2017.

Internetseiten:

Darstellungen aus amerikanischen Analysen:
http://www.epi.org/publication/ib330-productivity-vs-compensation/,
https://fred.stlouisfed.org/series/PRS85006173,
https://fred.stlouisfed.org/graph/?id=CP,
https://fred.stlouisfed.org/graph/?id=CIVPART (Zugriff: 19.09.2017).

DDoS-Angriff:
http://www.krone.at/digital/hacker-schalten-mietern-bei-eiseskaelte-heizung-ab-ddos-angriff-story-538198 (Zugriff: 09.11.2016).

Elon Musk: Wenn Roboter unsere Jobs übernehmen, muss ein bedingungsloses Grundeinkommen her:
http://t3n.de/news/elon-musk-grundeinkommen-763658/ (Zugriff: 13.11.2017).

Finnland testet bedingungsloses Grundeinkommen:
http://www.faz.net/aktuell/wirtschaft/finnland-testet-bedingungsloses-grundeinkommen-von-560-euro-14594377.html (Zugriff: 13.11.2017).

Hidden Champions – Liste der Top 20:
http://www.wiwo.de/unternehmen/mittelstand/hidden-champions-diese-weltmarktfuehrer-haben-die-staerksten-marken/12561560.html (Zugriff: 14.09.2017).

iBin – Bestände im Blick:
https://www.pressebox.de/pressemitteilung/wuerth-industrie-service-gmbh-co-kg/iBin-Bestaende-im-Blick/boxid/573792 (Zugriff: 09.11.2017).

Informationen und Reaktionen zum bedingungslosen Grundeinkommen:
https://www.mein-grundeinkommen.de (Zugriff: 13.11.2017).

Künstliche Intelligenz: Der letzte Baustein für die Industrie 4.0:
http://www.hannovermesse.de/de/news/kuenstliche-intelligenz-der-letzte-baustein-fuer-die-industrie-4.0.xhtml (Zugriff: 13.11.2017).

Modulare Fertigung in einer Fabrik der Zukunft:
https://blog.audi.de/modulare-montage-statt-fliessband/ (Zugriff: 25.10.2017).

Prognose zum Datenvolumen des globalen IP-Traffics:
https://de.statista.com/statistik/daten/studie/266869/umfrage/prognose-zum-datenvolumen-des-globalen-ip-traffics/ (Zugriff: 15.09.2017).

Prognose zum Volumen der jährlich generierten digitalen Datenmenge:
https://de.statista.com/statistik/daten/studie/267974/umfrage/prognose-zum-weltweit-generierten-datenvolumen/ (Zugriff: 12.09.2017).

Sicherheitsrisiko IoT:
https://www.heise.de/ix/heft/Sicherheitsrisiko-IoT-3491387.html (Zugriff: 12.09.2017).

Unternehmensportrait der Würth-Gruppe:
http://www.wuerth.com/web/de/wuerthcom/unternehmen/unternehmen_1.php (Zugriff: 09.11.2017).

Watson – Computerprogramm aus dem Bereich der künstlichen Intelligenz:
http://www-05.ibm.com/de/watson/ (Zugriff: 13.11.2017).

Videos:

Eindruck vom gegenwärtigen Roboterentwicklungsstand:
https://www.youtube.com/watch?v=Z70_3wMFO24 (Zugriff: 18.09.2017).

Fähigkeiten eines Baxter-Roboters:
https://www.youtube.com/watch?v=oD9DE0HjMM4 (Zugriff: 18.09.2017).

Informatives Firmenvideo: iBin – Bestände im Blick:
https://vimeo.com/79034870 (Zugriff: 18.09.2017).

Kiva-Roboter im Amazon Logistikzentrum:
https://www.youtube.com/watch?v=1Cxj6vBP18A (Zugriff: 18.09.2017).

Roboter stapelt Kisten:
https://www.youtube.com/watch?v=RJd8WgDT4vI (Zugriff: 09.11.2017).

Glossar

Symbole

5G-Netz

Mobilfunkstandard der 5. Generation.

A

ACCESS-Datenbank

ACCESS-Datenbanken gehören zu den relationalen Datenbanken. Eine solche besteht aus einer Sammlung von Tabellen, in denen die Datensätze gespeichert sind. Eine Tabelle besteht aus einer Folge gleichartig aufgebauter Zeilen (Datensatz mit festem Satzformat). Eine Zeile enthält jeweils die Attributwerte (Attribut = Eigenschaften wie Name, Straße, PLZ, Ort) für ein Objekt (z.B. Lieferer, Kunde, Artikel usw.).

Algorithmus

Handlungsvorschrift (Folge von Anweisungen), mit der man Probleme gleicher Art lösen kann. Die Folge von Anweisungen – geschrieben in einer strengen Syntax – finden sich wieder im Code eines Programms.

Beispiel: Die Summe der ersten 10 ganzen Zahlen soll berechnet und ausgegeben werden. In der Programmiersprache GW-BASIC, einer beliebten Programmiersprache aus den 1980er-Jahren für PCs, könnte dieses Programm (Algorithmus) lauten:

```
10 ZAHL = 0
20 SUMME = 0
30 ZAHL = ZAHL + 1
40 SUMME = SUMME + ZAHL
50 IF ZAHL <= 9 THEN THEN 30
60 PRINT "SUMME DER ERSTEN 10 ZAHLEN = "; SUMME
70 END
```

ARPANET

Vorläufer des Internet. Es wurde entwickelt in den 60er-Jahren im Auftrag der US-Luftwaffe unter Leitung des Massachusetts Institute of Technology und des US-Verteidigungsministeriums. Ziel war es, durch ein dezentrales Netzwerk mehrere amerikanische Universitäten miteinander zu verbinden.

B

Bedingungsloses Grundeinkommen

Ein Einkommen, das eine politische Gemeinschaft (z.B. Deutschland) jedem ihrer Mitglieder (Bürger) bedingungslos und unabhängig von seiner wirtschaftlichen Lage gewährt.

Big Data

Big Data ist ein Schlagwort aus Industrie 4.0 und meint damit

- die **immense,** häufig **nicht strukturierte Datenmenge,** die
- mit **hoher Entstehungsgeschwindigkeit** und
- in **großer Datenvielfalt** (Texte, Bilder, Messwerte usw.)

erzeugt wird.

Binärcode

Code, mit dem Informationen nur aus Folgen von zwei verschiedenen Zeichen (1 oder 0) gebildet werden.

Mithilfe von Strom lassen sich nur zwei Zustände eindeutig darstellen (ein/aus, Strom fließt/Strom fließt nicht). Um Daten elektronisch speichern, verarbeiten und übertragen zu können, müssen sie also aus der ursprünglichen Form so umgewandelt werden, dass sie nur aus solchen 2-wertigen (binären) Bausteinen bestehen. Die kleinste Informationseinheit aus der Sicht eines Computers ist ein **Bit** (Abkürzung für binary digit). Dieses hat den Wert 1 (Strom fließt) oder 0 (Strom fließt nicht). Da der Zeichenvorrat des Menschen (Buchstaben, Ziffern, Sonderzeichen) erheblich größer ist, braucht es also mehr als nur 1 Bit, um ein Zeichen aus der Welt des Menschen darzustellen. Ein **Byte** besteht aus 8 Bit und ist die kleinste Informationseinheit aus der Sicht des Menschen. Es dient zur Verschlüsselung eines Buchstabens, einer Ziffer oder eines Sonderzeichens.

Bot (Software-Roboter)

Ein Computerprogramm, das nach dem Start weitestgehend automatisch seine Aufgaben abarbeitet. Aufgabe kann z.B. sein, Internetseiten nach Schlüsselbegriffen zu durchsuchen, um diese in den Suchindex von Suchmaschinen aufzunehmen.

Botnet

Netzwerk von → **Bots.**

Business Intelligence

Verfahren zur systematischen Analyse (Sammlung, Auswertung und Darstellung) von digitalen Informationen. Das Ziel besteht darin, die Qualität von Geschäftsentscheidungen zu verbessern.

Business Intelligence wird oft als Oberbegriff für alle Formen der Datenanalyse im Unternehmen verwendet.

C

Cloud

Cloud, englisch: Wolke. IT-Dienstleister bieten gegen Entgelt Speicherplatz auf ihren Servern an. Über das Internet sind diese Daten von überall aus online zugänglich. Dies

- **erspart** die **Investition** in große lokale Festplatten,
- **unterstützt das Teilen** der Datenbestände mit anderen Nutzern und
- **schützt vor Datenverlust** durch defekte Festplatten, verloren gegangene USB-Sticks oder Virenangriffe.

Crowdworking

Unternehmen vergeben über Onlineportale Hilfsarbeiten oder Projekte (z. B. Entwicklung eines Firmenlogos, Übersetzungen, Überführung eines Pkw) an Externe. In der Regel handelt es sich um Mikrojobs, die relativ gering vergütet sind und bei denen kein Zugang zur sozialen Sicherung besteht.

Cyber-physisches System

Schlüsselbegriff der vierten industriellen Revolution. Kurz: Es bedeutet die Verknüpfung von

- Informationen (Programme und Daten) mit
- Maschinen (z. B. auch Roboter) über
- das → **Internet der Dinge**.

C-Teile

Das sind Güter, die einen **geringen Verbrauchswert** aufweisen. Häufig handelt es sich um Cent-Artikel mit hoher Verbrauchsmenge (Schrauben, Unterlegscheiben usw.). Letzteres führt zu unverhältnismäßig hohen Beschaffungs- und Lagerhaltungskosten.

DDoS-Attacke

DDoS = **D**istributed **D**enial-**o**f-**S**ervice. Ein Angreifer verbindet mehrere Computersysteme zu einem Netz. Ein gemeinsamer Angriff dieser vernetzten Systeme auf ein bestimmtes Ziel führt zu dessen Überlastung und Zusammenbruch.

D

Digitalisierung

Digitalisierung bezeichnet den Wandel in den Prozessen und Strukturen, der sich aus der zunehmenden Nutzung digitaler Medien (diese verwenden den → **Binärcode**) bei der Übertragung, Speicherung und Verarbeitung der Informationen ergibt.

Digital Native

Digital native, englisch: digitaler Ureinwohner. Person, die mit den digitalen Medien aufgewachsen ist und daher unbefangen mit dieser Technik umgeht und Veränderungsprozesse akzeptiert.

Disruptive Technologie

Eine Technologie, welche bestehende Technologien, Produkte oder Dienstleistungen in kürzester Zeit zurückdrängt oder vollständig ersetzt.

Dritte industrielle Revolution

Umbruch der Industrie, der begründet ist durch die → **Digitalisierung** der Informationen und den Einsatz von Computern.

E

Effizienz

Wirksamkeit, Wirtschaftlichkeit eines Verfahrens.

Elektrifizierung

Bereitstellung eines Stromnetzes zur Versorgung eines Landes oder einer Region mit elektrischer Energie. Im Bereich der Automobilindustrie bedeutet Elektrifizierung die Umstellung des Antriebskonzeptes vom Verbrennungsmotor hin zum Elektromotor. Damit entfallen Komponenten wie Getriebe, Auspuffanlage, Abgasreinigungs- und Einspritzsystem.

Erste industrielle Revolution

Durch den Einsatz weiterentwickelter, kohlebetriebener Dampfmaschinen wurde die → **Mechanisierung** der Arbeit mit enormen → **Produktivitäts**gewinnen vorangetrieben. Zur ersten industriellen Revolution gehören auch die Weiterentwicklung des Dampfantriebs in Schiffen, Lokomotiven und Druckpressen sowie die Veränderungen in der Kommunikationstechnik durch die → **Telegrafie**.

Erwerbspersonen

Summe aus Erwerbstätigen und Erwerbslosen.

Erwerbsquote

Die **Erwerbsquote** bezeichnet als volkswirtschaftliche Kennzahl den Anteil der → **Erwerbspersonen** an der Einwohnerzahl.

F

Fließband

Ein gleichmäßig laufendes Förderband, auf dem die zu bearbeitenden Werkstücke in einem zeitlich festgelegten Takt von einer Arbeitsstation zur nächsten transportiert werden. Die Anordnung der Arbeitsstationen richtet sich dabei nach der Reihenfolge der notwendigen Arbeitsschritte. Die Fließbandfertigung ist eine spezialisierte Form der Fließfertigung (Flußprinzip, aber noch ohne Taktung).

G

Geschäftsmodell

Aus der Front-End-Perspektive:

Beschreibung des Bündels an Leistungen (und damit des Nutzens), das ein Unternehmen seinen Kunden und seinen Geschäftspartnern liefert.

Aus der Back-End-Perspektive:

Beschreibung der Art und Weise, wie dieser Nutzen erzeugt wird und welche Einnahmen daraus generiert werden.

Grenzkosten

Diejenigen Kosten, die entstehen, wenn von einem Produkt eine Mengeneinheit zusätzlich hergestellt wird.

Grundnutzen

Nutzen, der sich aus dem alltäglichen Gebrauchswert des Produktes ergibt. Er befriedigt das grundlegende Bedürfnis des Kunden (z. B. Hunger stillen, Wärme bekommen).

H

Hidden Champion

Hidden Champion, englisch: unbekannter Weltmarktführer. Bezeichnung für relativ unbekannte, größere Unternehmen (> 50 Mio € Umsatz bzw. > 500 Mitarbeiter), die in ihrer Branche Marktführer sind.

Human Cloud

Das Prinzip des → **Cloud** Computing lässt sich auf die menschliche Arbeitskraft übertragen. Die Erledigung von Aufgaben wird dabei über das Internet organisiert. Zur Funktionsweise siehe → **Crowdworking**.

Humanoider Roboter

Roboter, dessen Gestalt und Bewegungsrepertoire dem Menschen nachempfunden wurde.

I

Industrial Data Space

Eine Initiative mehrerer deutscher Unternehmen mit dem Ziel, einen sicheren Datenraum zu schaffen, in dem sie sich in Zukunft sicher miteinander vernetzen können.

Industrie 4.0

Industrie 4.0 ist eine griffige Bezeichnung (Chiffre) für die → **vierte industrielle Revolution.**

Industrieroboter

Ein Automat, der üblicherweise Arbeiten in der Fertigung übernimmt. Seine „Arme" verfügen über mehrere Achsen und sind frei programmierbar in Bezug auf die Reihenfolge der Bewegungen und der Bewegungsräume. Die „Hände" können mit Werkzeugen oder Greifern ausgerüstet werden. Seine Stärke liegt in der Ausdauer, der Geschwindigkeit, Präzision und Kraft.

Internet

Weltweiter Verbund von Rechnernetzwerken, über den unterschiedliche Dienste (z. B. E-Mail oder WWW zur Übertragung von Webseiten) genutzt werden können.

Internet der Dinge

In ihm sind nicht nur Menschen, sondern auch Dinge (Maschinen, Roboter usw.) untereinander vernetzt.

K

Kanban-System

Kanban (japanisch: Karte) ist eine in Japan entwickelte Methode zur Bestandsführung und Produktionssteuerung. Wird in einer Produktionsstufe eine zuvor festgelegte Menge eines Teils verbraucht, dann dient der Kanban als Bestellkarte gegenüber der vorgelagerten Produktionsstufe zur weiteren Herstellung dieses Teils. Die Versorgung beruht auf dem Prinzip der Produktionssteuerung aufgrund des Verbrauchs (Pull-Prinzip) und verbindet zwei benachbarte Produktionsstufen zu einem geschlossenen Regelkreis.

Kollaborativer Roboter

Ein Produktionsroboter, der unmittelbar mit dem Menschen zusammenarbeitet. Da er „sehen" kann, stellt er für den Menschen kein Sicherheitsrisiko mehr dar und arbeitet daher nicht mehr hinter Gittern. Er kann dadurch programmiert werden, dass man mit ihm die erforderlichen Armbewegungen ausführt.

Kommunikationstechnik

Sammelbegriff für die technischen Verfahren und Einrichtungen, die zu einer technisch gestützten Kommunikation notwendig sind.

Künstliche Intelligenz

Bisher dem Menschen vorbehaltene Denkleistungen werden mithilfe von Computern simuliert. Diese sind damit zu Leistungen fähig, die man beim Menschen mit Intelligenz in Verbindung bringen würde, z. B. Sprache verstehen, Muster erkennen, Schlüsse ziehen, Lernen.

Es gibt sie in einer starken und in einer schwachen Form.

Die starke künstliche Intelligenz ist derzeit noch eine Vision. Sie beinhaltet

- eine Art von Bewusstsein, mit dem
- eine nicht-biologische Einrichtung
- Ziele setzt,
- Pläne zu deren Verwirklichung fasst und verfolgt,
- vernünftig handelt,
- Risiken minimiert und
- aus den gemachten Erfahrungen lernt.

Kurz: Bei der starken künstlichen Intelligenz **ist** der Computer intelligent.

Bei der schwachen künstlichen Intelligenz **simuliert** der Computer Intelligenz. Sie beschäftigt sich mit konkreten Anwendungsproblemen, z. B. Navigationssysteme, Spracherkennung, Mustererkennung, Korrekturvorschläge bei Suchmaschinen.

L

LTE-Netz

LTE = **L**ong **T**erm **E**volution. Mobilfunkstandard der 4. Generation.

M

Mechanisierung

Unterstützung der menschlichen Arbeitskraft durch Maschinen. Dabei liegen die Steuerung und die Kontrolle des Arbeitsablaufes noch beim Menschen, die Maschine übernimmt den Antrieb und den Vorschub, z. B. bei einer Drehbank oder Bohrmaschine.

Modulare Montage

Räumlich getrennte Arbeitsstationen werden durch ein fahrerloses Transportsystem mit den zu bearbeitenden Werkstücken versorgt. Wer zu welchem Zeitpunkt an welcher Station andockt, wird vom Produktionssteuerungssystem mithilfe der → **künstlichen Intelligenz** in Echtzeit berechnet und ist so z. B. in der Lage, auftretende Störungen sofort zu berücksichtigen.

Moore'sches Gesetz

Prognose von Gordon Moore, Mitbegründer von Intel, aus dem Jahr 1965, mit der er den dynamischen Zuwachs an Rechnerleistung beschreibt. In der ursprünglichen Version aus dem Jahre 1965 sagte er eine Verdoppelung der Rechnerleistung pro Jahr voraus, änderte 1975 seine Aussage ab auf zwei Jahre. Heute werden als Verdoppelungsfrist etwa 18 Monate angesetzt.

N

Neuronales Netz

Ein Netzwerk miteinander verbundener Neuronen (Nervenzellen) übernehmen im Nervensystem des Menschen bestimmte Aufgaben. Künstliche neuronale Netze bilden das Kernstück der → **künstlichen Intelligenz** und sind inspiriert durch die Informationsverarbeitung des menschlichen Gehirns.

P

Polarisierung des Arbeitsmarktes

Die Beschäftigung im Segment der mittleren Qualifikation nimmt ab bei gleichzeitiger Zunahme in den Segmenten mit niedriger und hoher Qualifikation.

Präfix für Maßeinheiten

Mit ihnen lässt sich das Vielfache (oder Teile) von Maßeinheiten bilden, um Zahlen mit vielen Stellen zu vermeiden.

Name	Wert		
Kilo (K)	10^3	Tausend	1 000
Mega (M)	10^6	Million	1 000 000
Giga (G)	10^9	Milliarde	1 000 000 000
Tera (T)	10^{12}	Billion	1 000 000 000 000
Peta (P)	10^{15}	Billiarde	1 000 000 000 000 000
Exa (E)	10^{18}	Trillion	1 000 000 000 000 000 000
Zetta (Z)	10^{21}	Trilliarde	1 000 000 000 000 000 000 000
Yotta (Y)	10^{24}	Quadrillion	1 000 000 000 000 000 000 000 000

Predictive Analytics

Mithilfe von Datenmodellen werden Voraussagen darüber getroffen, wie sich eine bestimmte Situation in der Zukunft entwickeln wird oder kann. Predictive Analytics gehört zu den wichtigen Trends innerhalb von → **Big Data** und ist ein Teilaspekt von → **Business Intelligence**.

Produktivität

Produktivität ist die technische Ergiebigkeit eines Produktionsvorgangs und setzt dessen Ausbringungsmenge an produzierten Gütern oder Dienstleistungen zur Einsatzmenge der erforderlichen Produktionsfaktoren in Beziehung.

$$\text{Produktivität} = \frac{\text{Ausbringungsmenge}}{\text{Einsatzmenge}}$$

RFID-Chip

RFID, englisch: **r**adio-**f**requency **id**entification. Diese Technologie dient zur Identifikation und Positionsbestimmung von Gegenständen und Lebewesen mithilfe elektromagnetischer Wellen, ohne dass eine direkte Berührung notwendig ist. Da die Chips die Größe eines Reiskorns haben, können sie bei Haustieren oder auch bei Menschen implantiert werden.

Roboter

Robota: tschechisch für Fron- oder Zwangsarbeit. Wortschöpfung des tschechischen Dramatikers Karel Čapek, mit dem er in seinem Drama „R.U.R." menschenähnliche Maschinen beschreibt.

ROS (Robot Operating System)

Kostenloses Programm, dessen Quelltext öffentlich ist, von jedem eingesehen, genutzt und geändert werden kann (Open-Source-Programm), Standardsoftware für → **kollaborative Roboter**.

S

Schwarmfertigung

siehe → **modulare Montage**.

Sensor (auch Fühler)

Technisches Bauteil, das bestimmte Eigenschaften (z. B. Druck, Feuchtigkeit, Helligkeit, Lautstärke usw.) seiner Umgebung erfassen kann. Zur weiteren Verarbeitung müssen die gewonnenen Informationen in der Regel in elektronische Signale umgewandelt werden.

Smartes Produkt

Ein smartes Produkt erhält durch die Einbettung von Informationstechnologie einen erweiterten Funktionsumfang. Über den → **Grundnutzen** hinaus erhält es einen → **Zusatznutzen,** der über die ursprüngliche Zweckbestimmung des Produktes hinausgeht.

T

Taylorismus

Steigerung der → **Produktivität** menschlicher Arbeitsleistung, indem der gesamte Arbeitsumfang in kleine Einheiten zerlegt und auf den Menschen übertragen wird (Arbeitstakt am Fließband). Unter dem Aspekt einer Humanisierung der Arbeit ist Taylorismus der Inbegriff inhumaner Arbeitsgestaltung aufgrund der stets wiederkehrenden Arbeitsabläufe mit minimalem Inhalt, der einseitigen körperlichen Belastung und der Gebundenheit an einen räumlich sehr beschränkten Arbeitsplatz mit wenig sozialem Kontakt.

Telegrafie (am Beispiel der Morsetelegrafie)

Ein Text wird vom Menschen zeichenweise nach einer bestimmten Vorschrift codiert (hier: Morsealphabet) und z. B. über ein Telegrafennetz über große räumliche Distanz übertragen. Bekannt sind die Notrufzeichen (SOS) in der Seefahrt: · · · – – – · · ·, die über Funk weitergeleitet wurden.

U

UMTS-Netz

UMTS = **U**niversal **M**obile **T**elecommunications **S**ystem. Mobilfunkstandard der 3. Generation.

V

Vierte industrielle Revolution

Fortführung der dritten industriellen Revolution durch Weiterentwicklung und Neukombination der bereits vorhandenen Einrichtungen (Hardware, Software, Netzwerke) zu → **cyber-physischen Systemen**.

Z

Zusatznutzen

Teil des Nutzens eines Produktes. Er tritt ergänzend zum → **Grundnutzen** hinzu und dient der Befriedigung seelisch-geistiger Bedürfnisse (z. B. Prestige, Selbstbestätigung). Der Zusatznutzen steigert die Attraktivität eines Gutes und ist häufig ausschlaggebend für die Kaufentscheidung zugunsten des (teureren) Produktes.

Zweite industrielle Revolution

Sie fußt auf der Entwicklung von Verbrennungs- und Elektromotoren. Der für letztere erforderliche Strom wurde für viele Elektromotoren zentral durch große Kohle- und Wasserkraftwerke erzeugt und durch Stromleitungen über das Land hin zum Verbraucher übertragen. Elektromotoren an den Arbeitsstationen wandelten die elektrische Energie wieder um in mechanische. Eine freie Anordnung der Maschinen, also auch nach dem Ablauf des Bearbeitungsprozesses, war möglich. Dies führte zur Entwicklung des → **Fließbandes.** Der einzelnen Arbeitskraft verblieben nur sehr beschränkte Arbeitsumfänge (→ **Taylorismus**), die sich ständig wiederholten und schnell zu erlernen waren.

Zur zweiten industriellen Revolution gehört auch die Weiterentwicklung im Kommunikationsbereich durch das Telefon, mit dessen Hilfe menschliche Sprache in Echtzeit übertragen werden konnte.

Stichwortverzeichnis